# 全彩图解
# 变频空调电路

李献勇　李　荣　编著

U0231378

化学工业出版社

·北京·

# 内容简介

　　《全彩图解变频空调电路》采用全彩色图解的方式，详细介绍了常用变频空调电路原理及其故障检修方法，包括电源及通信电路、PG 电机控制电路、交流滤波电路、软启动电路、四通阀控制电路、通信电路、PFC 功率因数校正电路等，主要讲解了格力和美的不同机型的电路，还介绍了奥克斯、海尔、海信、长虹、扬子、志高、美博、格兰仕等主流机型的电路。

　　本书基础起点低，语言通俗易懂，对重点难点进行突出标记，并附赠维修讲解视频，读者可以通过学习很快掌握各品牌空调的电路工作原理及故障检修技能。

　　本书可供从事空调维修的技术人员学习使用，也可供职业院校、培训学校等相关专业的师生参考。

**图书在版编目（CIP）数据**

全彩图解变频空调电路 / 李献勇，李荣编著. —北京：化学工业出版社，2023.6（2025.1重印）
ISBN 978- 7- 122- 42965- 0

Ⅰ. ①全…　Ⅱ. ①李…②李…　Ⅲ. ①变频空调器－维修－图解
Ⅳ. ① TM925.107- 64

中国国家版本馆 CIP 数据核字（2023）第 029757 号

责任编辑：万忻欣　　　　　　　　文字编辑：袁玉玉　陈小滔
责任校对：王　静　　　　　　　　装帧设计：关　飞

出版发行：化学工业出版社（北京市东城区青年湖南街13号　邮政编码100011）
印　　装：北京缤索印刷有限公司
787mm×1092mm　1/16　印张17　字数396千字
2025年1月北京第1版第2次印刷

购书咨询：010- 64518888　　　　　　售后服务：010- 64518899
网　　址：http://www.cip.com.cn
凡购买本书，如有缺损质量问题，本社销售中心负责调换。

定　　价：88.00元

# 前言

空调是目前生活工作中必备的电器。随着新技术和新工艺的不断升级，空调的智能化程度和复杂程度也越来越高。其中变频空调通过控制电路使压缩机运行在最佳的转速，具有节能效果明显和房间温度恒定等特点，近年来逐步成为空调市场的主流产品。由于工作方式和使用环境的特殊性，空调也是故障率多发的电器。近些年，具备专业空调安装、调试、维修经验的技术人士越来越受到市场的青睐。然而，面对强烈的市场需求，如何能够在短时间内掌握各品牌变频空调电路图的识读及空调维修技能，成为摆在空调维修从业人员面前的重要课题。为此笔者结合多年的空调维修经验而编写了本书。

本书具有以下特点。

（1）图文并茂，通俗易懂：书中集成电路 IC 引脚大多采用中文标注，图文解说时尽量采用口语化描述，便于读者更好地理解电路原理，掌握维修技巧。

（2）内容全面，实用性强：实测实绘了国内十大品牌（格力、美的、奥克斯、海尔、海信、长虹、志高、扬子、美博、格兰仕）变频空调主板图纸，对其中最具代表性的图纸进行了原理及检修技巧解说。

（3）视频演示：结合工作实际录制了维修操作案例视频，能够帮助读者快速掌握维修技能。

本书图纸全部根据电路板实物绘制而成，元件编号完全依照原电路板实物实际编号标注，尽量保证参考查阅时真实有效，由此产生的问题就是很多标号无法按照国标法进行标注。例如国标中二极管用 D 表示，但有的厂家在电路板制图时将 CPU 的代号用 D 来表示，在这种情况下我们没有做任何更改，完全按照原板标注。电阻值根据数字、代码或色环计算后标注。电解电容根据实物容量标注，小容量贴片电容，无法测算的未进行容量标注，仅将其符号画出。各品牌变频空调的设计原理相近，我们在解说时尽量选取电路不同的进行解说，如果电路相同，我们会选择不同的侧重点，结合不同的故障点进行解说，以期让读者获得最大的益处。

本书主要由李献勇、李荣编写，参加本书编写及为本书的编写提供帮助的人员还有褚衍超、刘俊杰、张宽等。

由于水平有限，书中不足之处在所难免，欢迎读者批评指正。

编著者

# 目录

# 第1章

# 变频空调电路基础

## ▶ 1.1 电路图分类

本书主要包括以下几类电路。

**（1）实物电路板图**

每套图纸的首页均附上实物电路板图，并加以简短解说，有利于读者在实际维修时比对查找。

**（2）交流滤波软启动电路**

交流滤波软启动电路虽然结构简单，但品牌系列不同，其电路结构也有所差异，单独列为一节进行解说。

**（3）PFC功率因数校正电路**

早期的交流变频空调所采用的PFC功率因数校正电路大多为无源PFC功率因数校正电路，即只有一个电抗器和续流二极管，没有驱动电路。这种机器在市面上已经不多见，取而代之的是新型直流变频空调。新型直流变频空调大多采用有源PFC功率因数校正电路。

有源PFC功率因数校正电路的驱动电路需要一个IGBT和相应的驱动电路来完成。常见的有源PFC功率因数校正电路有两种驱动方式：一种是采用光耦驱动，一种是采用4427专用放大器驱动。

**（4）开关电源电路**

新型变频空调的开关电源电路大多由一个大规模集成电路——电源管理IC组成。本书选取了不同电源管理IC的开关电源电路进行解说。

**（5）变频压缩机驱动电路**

不同的变频压缩机驱动电路，虽然其原理相同，但所采用的变频模块和相电流检测电路均有所差异，本书精选有代表性的主板将其电路图绘出并加以解说。

**（6）CPU及其他控制电路**

选取不同机型的CPU并对其工作条件、各引脚功能、其他控制电路进行详细的解说和故障分析。

## ▶ 1.2 变频空调常用检修技术

变频空调常用检修技术有电阻法、电压法、烧机法、打阻法、对比法等。为了让读者能更清晰地了解这些操作方法，在本节进行详细介绍。

**（1）电阻法**

① 电阻的 5 种形态　正常，变大（在实际维修中，这种概率是最大的），变小（概率较小，但在实际维修中仍有遇见），开路（电阻开路后形成节电容，仍能传递交流信号），短路（电阻被击穿，目前没有发现过）。

② 检测方法　在路阻值自我对比测试法（用电阻法在路测试电阻值与标称值进行比较，根据概率法，大于标称值认为该电阻是坏的。值得注意的是，电阻电路并有大容量的电容器时，此方法无效）、在路与它对比法（用电阻法与相同电路相同位置相同阻值的电阻进行对比或找一块一样的好板对同位置的电阻进行对比在路测试，阻值偏大或偏小的即为故障点）、脱机开路测试法（对于有大容量电容器并联的电阻电路，通常采用将串联电路中的某个电阻脱开一个引脚再进行在路测量的方法）。

**（2）电压法**

根据欧姆定律和电阻串并联计算公式计算出可疑故障点的电压值，用万用表电压挡在路测试进行比对，如果所测电压与计算电压相同，则证明该电路是好的，如果偏差较大，则证明找到了故障点。

**（3）烧机法**

对于负载短路等故障，通常采用烧机法。准备一台电流、电压可调电源，将电流调到 2A（建议不要大于 2A，否则有可能烧坏电路板铜箔），将电压调到负载供电标称电压。

在电路板断电状态，接入可调电源供电，观察电流值。如果电流大于 0.2A，则通常说明负载有问题，用热成像仪观察电路板发热元件，发热最严重的元件或 IC 通常就是故障元件。如果没有热成像仪，可以用松香粉或用红外测温仪，或用手指（注意防静电）感知发热元件。发热元件即为故障点。

**（4）打阻法**

以数字万用表为例，将万用表调到二极管挡，测试时红表笔接地，用黑表笔检测电容、二极管、三极管、变频模块、CPU、供电负载等被测元件或供电负载。

接下来以各种场景为例详细解说。

① 测量供电负载　通常供电负载压降大于 0.3V 为正常，如果有条件，拿一块好板与坏板进行打阻压降对比，则更为精准。

② 测量二极管　通常二极管正向压降在 0.4 ~ 0.6V，如果偏大或偏小，则视为异常，采用压降对比法更为精准。

③ 变频模块　通常用来测量内部六路驱动输入对地压降，将这六路压降进行对比，压降误差值不大于 0.01V 视为正常，太大视为异常。变频模块的内部 IGBT 并联的阻尼二极管也可打阻测量，通常在 0.4~0.6V 视为正常，且上下半桥相近，如果偏大或偏小，则视为异常。

**（5）对比法**

对比法是电路板维修实践中最常用的方法，它无法单独使用，需与其他方法或仪器配合使用，譬如：电阻对比法、电压对比法、U-I 曲线对比法等。

# 第 2 章

# 格力变频空调电路

本章精选了具有代表性和市场上保有量较大的 1 款内机主板和 7 款外机主板，根据实物将其原理图绘出，并对其经典机型图纸进行解说。

## ▶ 2.1 福景园内机主板电路

福景园是一款经典机型，具有一定的代表性，如图 2-1 所示为福景园内机主板。

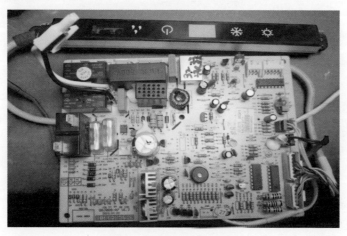

图 2-1　福景园内机主板

## 2.1.1 电源及通信电路

本节包含电源电路及通信电路两部分内容,参考图 2-2 进行原理与检修技巧解说。

**(1) 电源电路**

参考图 2-2,线性变压器 T0 将 220V 的交流市电直接变压为 13.5V 交流电压,再经由 D33、D34、D35、D36 组成的桥式整流电路整流后输出 100Hz 脉动直流电。该电压分为两路。

一路:经 R4 采样,R3、R63 限流后,送到三极管 Q2 的 b-e 极,经 Q2 倒相放大后集电极输出 100Hz 过零检测信号 → U1 的 23 脚,为 PG 交流风机调速提供参考依据。

另一路:经隔离二极管 D37,再经 C29 滤波 → V1(7812)稳压 → C32 滤波,产生稳定的 12V 直流电压,供给反相驱动器、继电器等负载使用。12V 直流供电经 V2(7805)稳压 → C5、C30 滤波,产生稳定的 5V 直流供电,供给 CPU 等负载使用。

在实际维修中该电路常见故障为 D33~D37 性能变差引起过零检测信号异常,一开机报 U8 故障,或不报故障,PG 风机转不起来(过零检测信号异常引起)。用示波器测量 Q2 的 b 极、c 极波形即可判定,也可采用代换法将五个二极管全部换新。

K4 为外机上电继电器,当内机 CPU 接收到用户指令,需要外机工作时,K4 吸合。火线 AC-L 经 K4 触点 → L-OUT 给室外机供电。

K2、K5 为室内机电加热控制继电器,当 CPU 收到用户指令,内机开制热,风机启动并达到电加热开启条件时,控制 K2、K5 继电器吸合。火线 AC-L 经熔断器 FU2 → K2 触点给电加热供电。同时,零线 N 经 K5 触点给电加热供电。

在实际维修中常见故障为电加热不启动引起制热效果差。判断方法很简单,用电流钳形表,钳一下电加热供电火线,看其有无电流即可判断电加热有无工作。如果电加热不工作,应该从以下几个方面进行排查。

① 内机风速是否为低速。如果是,则调整为中速或高速。

② 内机盘管温度传感器是否阻值偏移。如果是,则更换即可。

③ 测量电加热控制继电器输出端有无 220V 交流供电。如果没有,则查 FU2、继电器及控制电路。如果有,则查电加热及温控熔断器。

**(2) 通信电路**

通信电路采用单通道串行数据传输方式,内外机用一根 S 线连接,零线同时也是通信电路的地线。通信供电 56V,由室外机通信电路产生。

通信收发原理详见 2.2.4,本节重点探讨内机通信故障部位的判断与检测技巧。用厂家变频空调检测仪选择代替外机检测内机模式,几分钟后检测仪显示如下界面。

通信类别 3 → 内机发送电路故障;通信类别 4 → 内机接收电路故障。

用电阻法、打阻法在路排查相关电路找到故障元件即可。

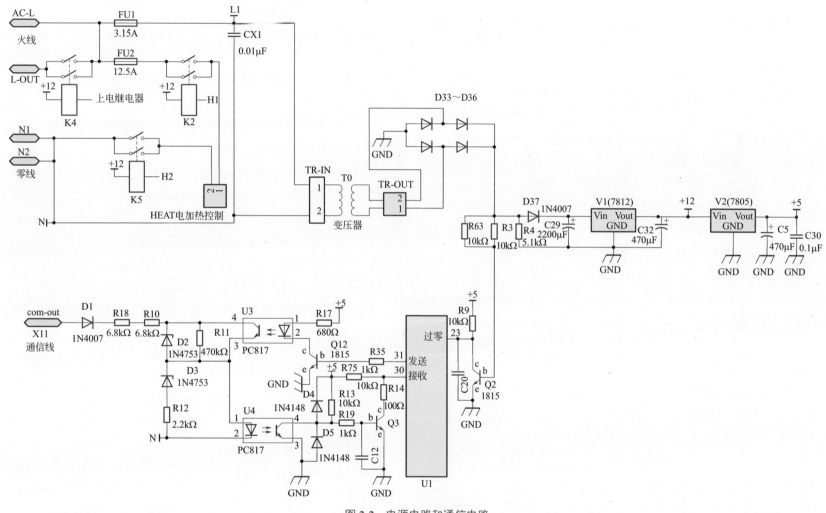

图 2-2 电源电路和通信电路

## 2.1.2 PG 电机控制电路

参考图 2-3，介绍 PG 电机的驱动原理与风机不转的检测技巧。

### (1) PG 电机驱动原理

CPU（U1）参考过零检测电路送来的 100Hz 零点信号，作为驱动固态继电器 U6 导通、截止控制的时间依据。换句话说，如果过零检测信号异常，CPU 就停止发出 U6 的驱动信号（因为缺乏参考依据，无法控制风机转速）。

当 U1 收到用户发来的送风低挡指令后，参考过零检测信号，控制 22 脚输出 100Hz 驱动信号（该信号根据计算会延迟一定时间后发出，延时后控制 U6 导通与截止时刚好使其输出交流电压为 80V 左右），经限流电阻 R25 → 三极管 Q4 的 b-e 结，控制 Q4 的 c-e 结导通与截止。

当 Q4 的 c-e 结导通时，+5V 供电 → U6 的 2 脚内部发光管 → 3 脚输出 → 限流电阻 R22 → Q4 的 c-e → 地，形成电流回路。

此时，U6 的 6-8 脚内部晶闸管导通，火线 L 从 U6 的 6 脚进入、8 脚输出，经 L1 → CN3，送达内风机绕组。

该电路中，RC3 为滤波元件，C 为风机启动电容。在实际维修中，C 风机启动电容容量变小或失效，会引起风机转速慢或不运转等。

参考图 2-3，PG 电机内部有一块小板，装有一个霍尔元件和一个电阻，电机转子上固定一个磁环，构成电机转速检测电路。该电路目的是监控电机转速，使之工作在用户设定的风速范围内，如果该电路失效，则会引起开机后电机飞速运转，一段时间后报 H6 故障代码。

### (2) 风机不转的检修技巧

通过 PG 电机驱动原理分析，了解到引起风机不转的原因有以下几点：

① 风轮卡住、轴承损坏、电机线圈损坏。调整风轮、更换轴承、更换电机即可。

② 风机启动电容失效或变小。用万用表直接测量即可判定。

③ 过零检测电路异常。检修方法参考 2.1.1。

④ CPU 驱动电路异常。用干预法逐级判断即可查明原因。将 Q4 的 c-e 结短接，观察风机是否运转。如果是，则证明后级正常；继续用干预法给 R25 连接 CPU 这一端输入 5V 供电，观察风机是否运转。如果不运转，则证明问题由 Q4、R25 引起，更换坏件即可；如果运转正常，则证明 U1 损坏，更换 U1 或主板即可。

如果短接 Q4 的 c-e 后，内风机不运转，则排除 R22 开路问题后，直接更换 U6 即可。

## 2.1.3 LED 数码显示电路

LED 数码显示电路主要由数码显示屏、显示驱动电路两部分组成，参考图 2-4 进行解说。

### (1) LED 数码显示原理

U1 的 39、40 脚输出字形码分别送到译码器 U5 的 8、1（2）脚，经 U5 译码后并行输出 a、b、c、d、e、f、g 的信号，经反相驱动器 U2 控制相应的数码管笔画，LED 数码管接收到信号瞬间点亮，完成扫描过程。

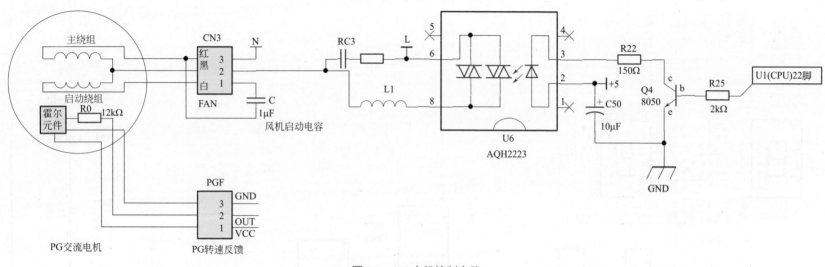

图 2-3　PG 电机控制电路

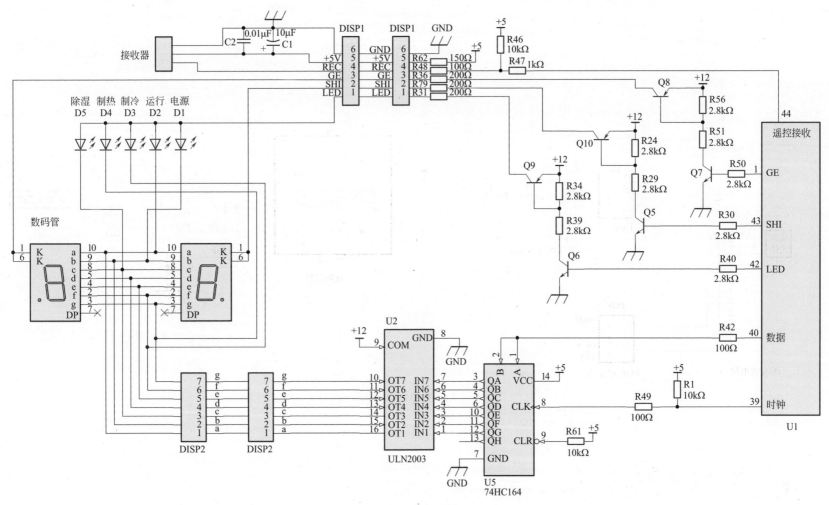

图 2-4 数码显示电路

U1 的 1、42、43 脚分别输出组合控制信号驱动三极管 Q7、Q8，Q6、Q9、Q5、Q10 为 LED 指示灯和数码管分时点亮系统提供工作电压。由于数码管为共阳极接法，所以只有当 U2 的 a、b、c、d、e、f、g 对应引脚输出低电平时才有效。U1 的 39 脚为时钟控制，与 U5 的 8 脚连接，U1 的 40 脚串行输出字形码送到 U5 的 1、2 脚，经内部处理后通过 3、4、5、6、10、11、12 脚一并发出，从反相驱动器 U2 的 7、6、5、4、3、2、1 脚输入，经 U2 内部反相处理后由 10、11、12、13、14、15、16 输出对应低电平信号，通过 DISP2 连接到数码管的 g、f、e、d、c、b、a 引脚，数码管点亮。

**（2）遥控接收电路**

DISP1 插头的 6 脚接地，5 脚接 5V 供电，4 脚接接收器信号输出。当用户用遥控器发送空调运行指令时，接收器通过 DISP1 的 4 脚→ R48 → R47，传输给 U1 的 44 脚。

在实际维修中，遇到遥控器失灵的情况，先换遥控器，再换接收器就能解决多数问题。

**（3）常见故障检修分析**

LED 数码显示电路在实际维修中常见故障有以下两种。

① 显示屏不亮。应先排除是否为用户遥控器操作问题，通常遥控器上会设有一个灯光键，按下灯光键显示屏点亮，再按一次灯光键显示屏熄灭。如果按灯光键无效，则进行下一步。用一个新的显示板代换原显示板，上电试机，如果显示正常，则证明原显示板损坏，故障排除；如果仍然不亮，则证明原显示板正常，故障由主板驱动电路引起，进行下一步。

断电状态，用万用表逐个排查显示驱动电路相关电阻、二极

管、三极管，发现异常进行代换。如果基本正常，则进行下一步。

上电开机，设定制冷温度为 20℃，在路检测 U1 的 43（3.1V）、42（0V）、39（4.8V）、40（1.7V）脚电压是否正常。如果不正常，则在排除外围元件损坏的可能后，应更换 U1 或电脑板。如果正常则进行下一步。

上电开机，设定制冷温度为 20℃，在路检测译码器 U5 的各引脚电压，如果电压不正常，则排除外围元件损坏的可能后应更换 U5。

② 数码显示屏缺画。用一个新的显示板代换原显示板，上电试机，如果显示正常，则证明原显示板损坏，故障排除；如果仍然缺画，则证明原显示板正常，故障由主板驱动电路引起，参考"显示屏不亮"的方法进行排查。

## 2.1.4 CPU 及其他电路

本节内容包含 CPU 主电路及其他附属电路，参考图 2-5 进行原理及检修技巧解说。

**（1）CPU 工作三要素**

空调主板电路控制中心 CPU 正常工作需要三个条件：供电、复位和晶振。

CPU（U1）的 11、32 脚为 5V 供电，10、33 脚为接地。

CPU（U1）的 3、4 脚及外围元件 D5、R92、C57、C52 组成低电平复位电路。当空调首次上电时，直流电压 5V 通过电阻 R92 给电容 C57 充电，随着 C57 两端电压的升高，CPU3 脚电压得到延时的 5V 电压，实现低电平复位。

CPU 的 7、8 脚及外围元件 R32、晶体 B1 组成晶振电路。

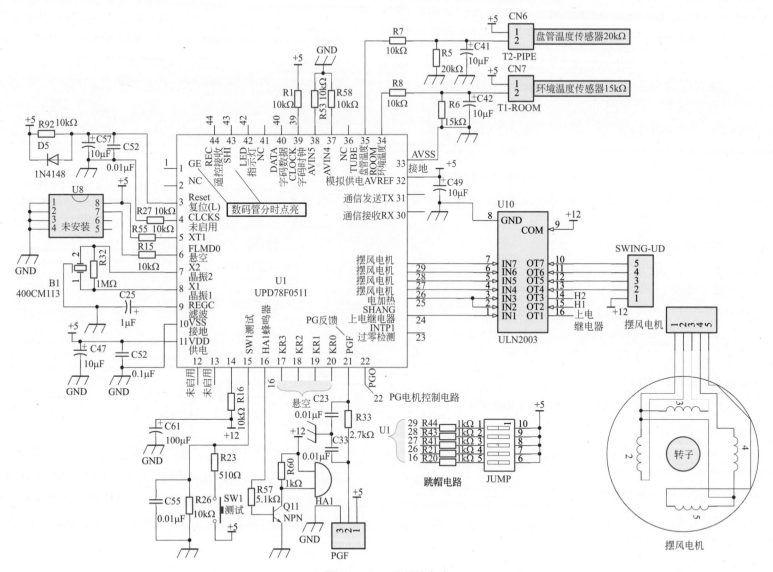

图 2-5　CPU 及其他电路

该电路在实际维修中常见的故障有以下几种。

①无 5V 供电或 5V 供电电压低引起上电无反应。

检修分析如下：在上电状态用万用表直流电压挡测量 U1 的 11 脚和 32 脚有无 5V 直流供电，如果电压低于 4.5V 或无电压，则证明供电电路有问题或 U1 内部有短路。可以用烧机法测试查找短路元件。

②复位电路异常引起 U1 不工作。

检修分析如下：根据工作原理可知，该电路为低电平复位。在上电状态，用万用表直流电压挡测量 U1 的 3 脚对地电压，正常时应为 4.9 ~ 5V。如果电压正常，可以使用表笔将 U1 的 18 脚对地瞬间短接一下（人工复位），看 CPU 是否能正常工作，如果能，则证明故障由复位电路引起，检测 C57、C52、R92、D5，查出故障原件，进行代换即可。

③晶振电路异常引起 U1 不工作。

检修分析如下：晶振的好坏很难用万用表判断出来，通常使用示波器检测晶振对地波形或使用代换法进行判断。

**（2）其他附属电路**

U1 的 34、35 脚外接环境、盘管温度传感器，当传感器开路或短路时机器报 F1、F2 故障代码。

U1 的 26、27、28、29 脚通过反相驱动器 U10 控制摆风电机工作。

U1 的 15 脚外接应急开关 SW1，当开机找不到遥控器时可以应急开机。

U1 的 16 脚外接蜂鸣器，当首次上电或接收到用户发来的遥控指令时，输出瞬间高电平，驱动 Q11 瞬间饱和导通→HA1 鸣叫

一声。

U1 的 16、26、27、28、29 脚通过电阻 R20、R21、R41、R43、R44 接到跳帽 JUMP 的 5、4、3、2、1 脚，跳帽的 6、7、8、9、10 脚全部接到 +5V 供电。厂家通过更换该跳帽的种类可以实现 26 ~ 35 不同机型的切换，实现一板多用。

## ▶ 2.2　全直流长板 GRJW832-A 电路

格力全直流长板是一款设计非常经典的机型，在早期的 U 系列变频挂机室外电控中常见，如 U 酷系列、U 雅系列等。图 2-6 为全直流长板 GRJW832-A 电路实物图。

### 2.2.1　交流滤波、软启动、四通阀控制电路

本节包含了交流滤波电路、软启动电路、四通阀控制电路，参考图 2-7 进行解说。

**（1）交流滤波电路**

由于变频压缩机工作时会产生很强的高次谐波干扰（用示波器观察六路驱动波形会清晰看到），为了防止该干扰传入 220V 交流市电公网，同时也防止交流市电中的干扰传入变频主板，国标中规定变频空调须设计交流滤波（EMI）电路。

外机主板 AC-L1、N1 插头通过连接线接到外机接线排，再通过内外机连接线接到室内机接线排和上电继电器。当室内机接收到用户发来的开机指令后，经过内机 CPU 逻辑识别，达到制冷（制热）外机运行开启条件时，控制内机上电继电器吸合向外机供电。

图 2-6    全直流长板 GRJW832-A

FU101 是一个陶瓷熔断器，它的限流值是 15A、250V。当负载发生短路时熔断器熔断，不可恢复。

C101、L101、C102、R101 组成 EMI 交流平滑电路，又称为交流滤波电路。

RV3、RV1、RV2 为压敏电阻，当输入电压高于一定值时，如 220V 供电接错线传入 380V 供电时，RV3 击穿短路，FU101 击穿保护后级负载。

压敏电阻 RV1、RV2 一端分别接到 220V 交流供电的火线端和零线端，另一端连在一起接到放电管 TVS1 一端，放电管另一端接地。这个电路的主要作用是防雷击。

C106、C103、C104、C105 一端接入零线、火线，另一端接地，为交流滤波电路的一部分。

**（2）软启动电路**

外机主板首次上电时，继电器 K1 触点处于断开等待状态，此时，AC-L1 火线通过 FU101 → L101 → 主板铜箔 AC-L2 → 图 2-9 的整流桥 DB1 交流输入端。同时，零线 N1 → L101 → 热敏电阻 RT1 → N2 端子 → 蓝导线 → 图 2-9 的 N3 端子 → 整流桥 DB1 的交流输入端，经 DB1 整流后，再经 LX1 → 外置电抗器 → LX2 返回主板，经续流二极管 D203，给大滤波电容充电；当电压充到 260V 左右时，U1I 的 37 脚输出 3.3V 高电平，送到反相驱动器 U102 的 3 脚，经 U102 内部反相处理后，14 脚输出 0V 低电平，K1 线圈上产生 12V 压降，K1 继电器触点吸合，室外机实现软启动。

RC1 为继电器 K1 放电元件，D107 为 K1 线圈放电元件。

**（3）四通阀控制电路**

当外机收到制热运行指令时，CPU 的 33 脚输出 3.3V 高电平，

送到反相驱动器 U102 的 4 脚，经 U102 内部反相处理后，13 脚输出 0V 低电平，K3 继电器线圈上产生 12V 压降，触点吸合，四通阀得电投入工作。RC2 为继电器 K3 放电元件，D108 为 K3 线圈放电元件。

### 2.2.2 开关电源电路

该机电源管理芯片 U401 采用 TOP243，内部集成振荡、稳压、开关管、电压电流保护等功能，参考图 2-8 进行解说。

**（1）TOP243 引脚功能**

1 脚为稳压反馈引脚，外接 C411、R403/C401 组成的滤波电路，U402 为稳压反馈光耦，D403、D405、C402 为稳压反馈供电。

2 脚为母线电压检测引脚，通过 R401 与 P（320V 直流母线供电）连接，2 脚内部电阻分压后产生参考电压，实现 100 ~ 450V 直流供电正常工作，超出该范围 IC 将无输出保护。

3 脚外接限流电阻，通过设定该电阻的阻值可以限制开关电源的输出功率，从外部设置 TOP243 的电流限值，使其仅略高于低电压工作时的漏极峰值电流，该机采用 R402，一个 15kΩ 的电阻，其电流约为额定电流限值的 80%。因此，对设定的输出电压，可以采用更小的变压器磁芯或更高的变压器初级电感，降低 TOP243 功耗，同时避免启动和输出瞬态情况下变压器磁芯出现饱和。

5 脚为内部工作频率设定引脚，图 2-8 中 5 脚直接接地，所以该开关电源内部振荡频率采用 132kHz 全频运行模式。

6 脚内部接开关管的源极，外部直接接地。

7 脚内部接开关管的漏极，外部接开关变压器初级线圈和由 D402、D407、C410、R413、R412 组成的 DRC 阻尼削峰电路。

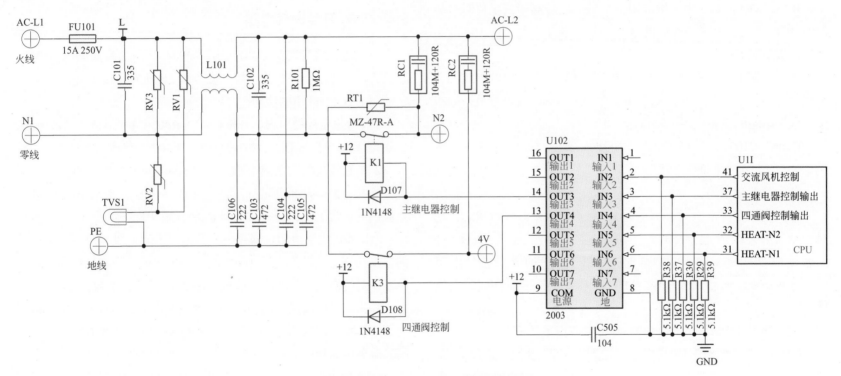

图 2-7 交流滤波、软启动、四通阀控制电路

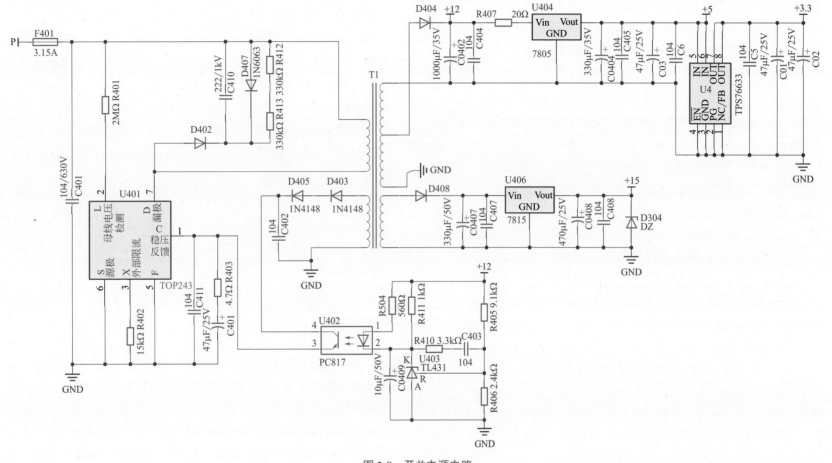

图 2-8　开关电源电路

### （2）振荡原理

300V 直流电压 P → F401 熔断器→ T1 初级线圈→ U401 的 7 脚，送到内部开关管的漏极和启动电路，在内部振荡脉冲激励下，开关管不断地导通和截止，开关变压器 T1 初级线圈上不断地储能和释能，次级线圈感应电压经整流滤波后供给负载使用。

### （3）供电产生

T1 次级线圈电压经 D404 整流→ C0402、C404 滤波，产生稳定的 +12V 直流供电，供给继电器、反相驱动器、电子膨胀阀等电路使用。

+12V 直流供电经限流电阻 R407 → U404 三端稳压器 7805 稳压→ C0404、C405、C03、C6 滤波，产生稳定的 5V 直流供电。

+5V 直流供电经 U4（TPS76633）稳压产生稳定的 +3.3V 供电，经 C5、C01、C02 滤波后供给 CPU 等负载使用。

T1 次级线圈电压经 D408 整流→ C0407、C407 滤波→ U406（7815）稳压后，再经滤波电容 C0408、C408 滤波，输出 +15V 直流供电供给变频模块和 PFC 电路使用。D304 为 24V 稳压二极管 1N4749，在该电路中起保护作用。

### （4）稳压原理

当 +12V 输出电压升高时，经电阻 R405、R406 分压得到的 R 端基准电压也随之升高，当 U403 的 R 端电压高于 2.5V 时，U403 的 K-A 导通，U402 的 1-2 脚产生 1.1V 压降，内部发光二极管发光，U402 的 4-3 脚导通，U401 的 1 脚得到高电平，U401 内部开关管激励脉冲关闭，输出电压降低。当输出电压低于 +12V 时，稳压环路不启控。

## 2.2.3 PFC 功率因数校正电路

由于变频压缩机为感性负载，在压缩机中高频运行时电流增大，直流母线电压降低，耗能增加，所以在新型变频空调中一般都设计 PFC 功率因数校正电路。当 CPU 检测到直流母线电压降到一定值时（该机为 260V），启动 PFC 电路，同时检测 PFC 整机电流，智能控制 PFC 驱动电路，使直流母线输出电压保持在 320 ～ 350V，实现变频压缩机的最佳性能。参考图 2-9 进行解说。

### （1）直流母线电压检测电路

U1A 的 29 脚外接电阻 R203、R201、母线电压 P（300V）组成直流母线电压检测电路。D201 为钳位二极管，防止 R203 阻值变大或开路后高电压进入 U1A 的 29 脚。

300V 左右的直流母线电压 P 经过电阻 R201、R203 分压后，产生一个约 1.9V 的电压，经 C203、C202 滤波后送到 U1A 的 29 脚，经过内部逻辑运算后计算出直流母线电压的参考值。在实际维修中若 U1A 检测到直流母线电压过低，整机不启动，报 PL 故障代码；若 U1A 检测到直流母线电压过高，整机不启动，报 PH 故障代码。

该电路如果采用电阻法进行检测时，必须脱开 R201 的一个引脚，否则将受到 P 端滤波电容的影响，无法判断其阻值的好坏。采用电压法在路测量可以初步判定该电路的好坏。

### （2）PFC 驱动原理

当 U1A 检测到压缩机运行频率及母线电压达到 PFC 启动阈值时，U1A 的 64 脚输出 0 ～ 3.3V、几十千赫兹的 PWM 开关信号，经限流电阻 R226 送到 PFC 专用放大器 U205 的 2、4 脚，经内部放大后由 7、5 脚输出 0 ～ 15V、几十千赫兹的 PWM 开关信号，再经限流电阻 R220、R221 送到 IGBT Z1 的控制极,使 Z1 工作在 CPU 驱动频率的控制下。

在该电路中,电阻 R228 为放电电阻,保证 Z1 在截止期间控制极上的电荷迅速泄放掉。ZD202 为一个 24V 稳压二极管,在该处起保护作用,防止 Z1 的 C-G 击穿后高电压损坏后级电路。当 Z1 导通时,外置电抗器上开始存储电能;当 Z1 截止时,外置电抗器上存储的电能与 100Hz 脉动直流电进行叠加后,经续流二极管 D203 一并给滤波电容 C201、C201 充电,达到升压的目的。

### (3) PFC 电流检测电路

PFC 电流检测电路主要由 U204C 的 8、9、10 脚及外围元件组成,通过电路分析,这是一个差分放大器电路。U204D 的 12、13、14 脚及外围元件组成一个跟随器,14 脚输出 +3V 直流电压为该差分放大器电路提供上拉供电。根据差分放大器计算公式和电阻串联计算公式可以计算出:U204C 的 8、9、10 脚待机电压为 3V、1V、1V。根据电路分析,来自 PFC 采样电阻上的电压为负压,整机运行电流越大,该负压就越高,经 U204 差分放大后 8 脚输出电压就越低,经电阻 R206 送到 U1A 的 30 脚,经 U1A 内部运算,电流过大时报 E5 故障代码。

### (4) PFC 过电流保护电路

PFC 过电流保护电路主要由 U204B 的 5、6、7 脚及外围元件组成,通过电路分析,这是一个比较器电路。6 脚接地电压为 0V,5 脚外接电阻 R218 采集来自 PFC 处的负压。正常待机时 5 脚电压:由 5V 供电经电阻 R224、R218、R226/R227 分压后得到 0.82V 的电压。当压缩机启动后,来自 PFC 采样点的负压与 5 脚正压进行叠加,当该点叠加电压小于 0V 时,7 脚输出低电平,经限流电阻

R226 送到 CPU 的 42 脚,CPU 控制整机停机,报 HC 故障代码。

### 2.2.4 通信电路

家用变频空调内外机通信采用单通道串行数据传输的方式。S 线为数据线,N 作为通信回路的地线,同时也是室外机供电的零线。

### (1) 56V 供电的产生

参考图 2-10,火线 L 经分压电阻 R591、R592、R593、R594 降压后,再经二极管 D524 整流→C0520 滤波→ZD3、ZD4 串联稳压,产生相对稳定的 56V 直流电压供给内外机通信电路使用。该电路中,R586 为负载电阻。C51、R99、R98 组成 RC 抗干扰电路。ZD1、ZD2 串联后组成 68V 保护稳压电路。R502、R510、R531 为负载分压电阻,用来调节通信数据传输时的电流。

在实际维修中,由于 R502 两端电压承载较高,工作在 0—26—42V 跳变状态,所以阻值容易偏移变小。当该电阻阻值小于一定值时,引起通信波形变异,内机 CPU 无法接收到正常的数据,报 E6 通信故障。检修时,在断电状态,将 S 线与内机断开,用万用表电阻挡在路测量 R502、R510、R531 这 3 个电阻即可判定故障元件。

### (2) 外机信号发送流程

根据通信规则,当室外机发送信号时,室内机 CPU 控制信号发送引脚保持输出 5V 高电平,控制室内机发送光耦 4-3 脚饱和导通,室内机 CPU 接收引脚处于默认低电平 0(0V)待机状态。

此时,整个通信环路受到室外机发送光耦 U509 的 4-3 脚的控制。当室外机 CPU(U1C)的 34 脚发送高电平 1(3.3V),经 R523 限流送到三极管 Q503 的 b-e 结,Q503 的 c-e 结饱和导通。

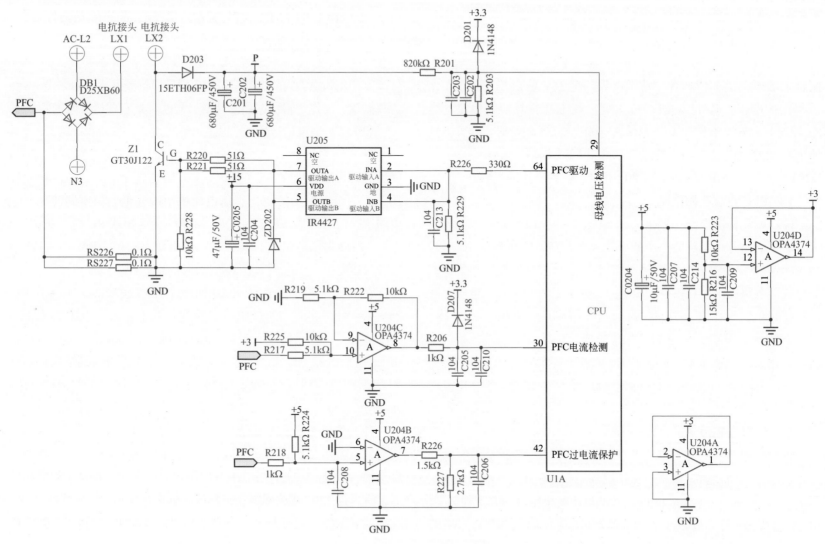

图 2-9 PFC 功率因数校正电路

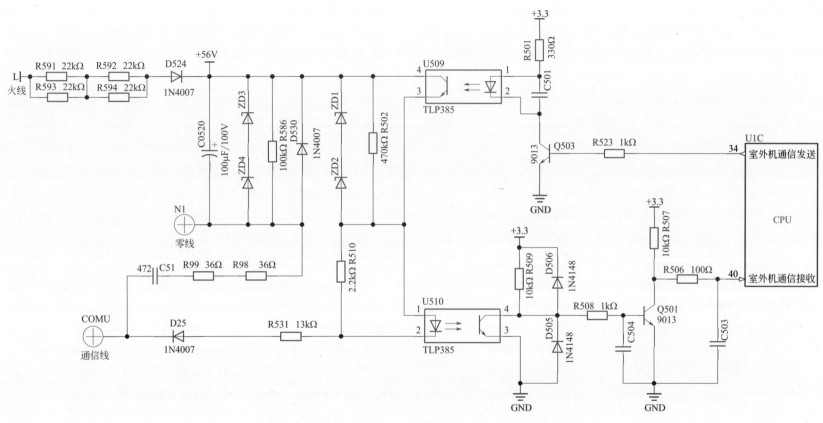

图 2-10　通信电路

3.3V 供电经限流电阻 R501 →光耦 U509 的 1-2 脚→ Q503 的 c-e 结，对地形成电流回路。

U509 的 1-2 脚产生约 1.1V 压降，内部发光管发光，驱动 4-3 脚饱和导通。

56V 供电经 U509 的 4-3 脚→ U510 的 1-2 脚→ R531 → D25 → 通信线 S →室内机防反接二极管→限流电阻→发送光耦 4-3 脚→室内机接收光耦 1-2 脚→ N（地），形成电流回路。

此时室内机接收光耦的 1-2 脚产生约 1.1V 的压降，内部发光二极管发光，驱动接收光耦的 4-3 脚饱和导通，室内机接收电路倒相三极管截止，CPU 接收引脚得到高电平 1（5V）。

当室外机 CPU（U1C）发送低电平 0（0V）时，默认通信环路短路断开，室内机 CPU 接收到的为默认值低电平 0（0V）。

在实际维修中，用厂家检测仪可以快速判断室内机主板或室外机主板问题，确定问题后再用电压法锁定范围，用电阻法找到坏件。原厂检测仪开启代替内机检测外机模式，检测仪显示通信类别 1，代表室外机主板发送电路异常，重点检查外机信号发送流程环路。先要排除 56V 供电问题，如果供电电压只有 40V 左右（常见为滤波电容 C0520 失效），则也会引起该故障。

### 2.2.5　直流风机驱动电路

直流风机驱动电路以 IPM2 驱动模块 SMA6853 为核心，结合相电流检测、六路驱动等电路构成，参考图 2-11 进行解说。

**（1）驱动模块电路**

直流风机驱动模块内部集成放大、保护、6 个 IGBT 等电路，极大简化了外围电路的设计。

IPM2 的 6、7、8、18、19、20 脚为六路驱动控制输入引脚，与 U1D 之间加了六个限流电阻 R71 ～ R76。在实际维修中，这六个限流电阻任何一个开路或阻值变大都会引起直流风机驱动不足、运行异常，报 L3 故障代码。

IPM2 的 4、23 脚外接 15V 直流供电，为内部上、下半桥 IGBT 驱动放大电路供电。如果该电压异常，则也会引起报 L3 故障代码或模块的损坏。

IPM2 的 1、2、3 脚接 U、V、W 上半桥驱动自举升压电路，通过电容器 C0701、C0702、C0703 接到 IPM2 的 U、V、W 输出端。当 U、V、W 输出的三相电压升高时，IPM2 的 1、2、3 脚电压也随之升高，保障上半桥内部 IGBT 的 G-S 之间正向偏压永远大于 15V。在实际维修中常见某个自举升压电容容量失效或短路，引起模块内部上半桥功率管 S 极电压大于或等于 G 极电压而反偏截止，引起风机无法启动，报 L3 故障代码。

IPM2 的 16 脚为电流检测，该机未启用。

IPM2 的 22 脚为内部检测模块保护输出，正常工作时该引脚输出低电平（0V），当内部检测到模块过电流、高温等异常情况时输出瞬间高电平（3 ～ 5V），同时切断下半桥 IGBT 的驱动信号。该电压经 R77、R922 分压后加到 Q4 的 b-e 结上，Q4 饱和导通，c-e 结导通，CPU（U1D）的 46 脚识别到瞬间低电平（0.3V），多次检测到风机模块保护，整机停，报 L3 故障代码。

**（2）相电流检测电路**

该电路主要由一个内置四路运算放大器的逻辑芯片 U901（OPA4374）及外围电路构成。

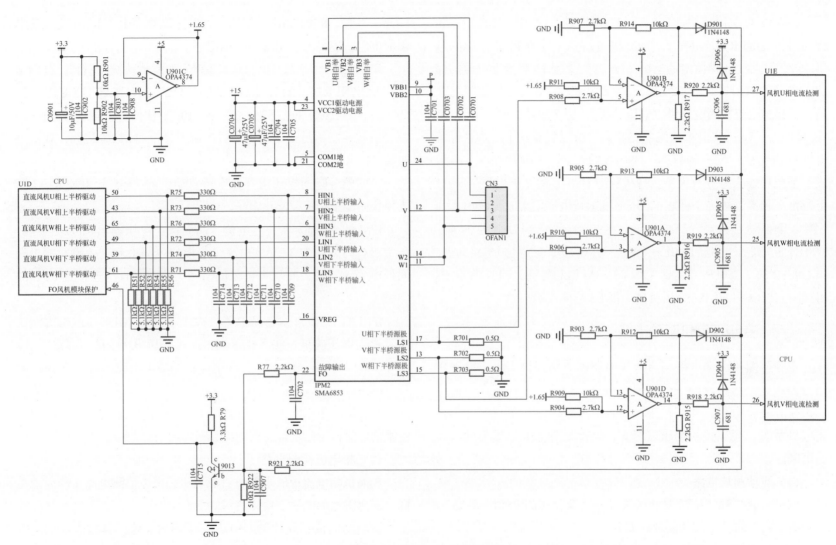

图 2-11　直流风机驱动电路

U901A 的 4 脚接供电（5V），11 脚接地。U901C 的 8、9、10 脚与外围电阻 R901、R902、3.3V 供电组成一个跟随器自建供电（1.65V）电路。8 脚输出的电压（1.65V）受到 10 脚基准电压的控制，当某种原因导致 R902 阻值变大或开路时，8 脚电压也随之升高，引起相电流检测电路供电电压升高，报 L3 故障代码。

U、V、W 三相电流检测电路相同，所以仅对其中一路进行解说即可达到举一反三的目的。U901B 的 5、6、7 脚及外围电路组成一个同相输入差分放大器。待机状态 U901B 的 7 脚电压与 R911 上拉供电相等，约为 1.65V，当压缩机运行电流增大时，U901B 的 7 脚电压也随之升高，该电压经过 R920 直接送到 U1E 的 27 脚。U901B 的 7 脚另一路经 D901→R921→Q4 的 b-e 结，经过电路计算，当 U901B 的 7 脚电压升高到 3.8V 时，Q4 饱和导通，CPU 的 46 脚得到瞬间低电平（0.3V），风机停，报 L3 故障代码。

### 2.2.6 变频压缩机驱动电路

变频压缩机驱动电路与直流风机驱动电路理论上工作原理相同，因为它们都是控制一个直流电机进行做功。不同点在于直流风机仅是一个电机，功率较小，而直流变频压缩机不仅有一个直流电机装置，还连接一个压缩机头，这就是直流变频压缩机名称的由来。

**（1）驱动模块电路**

该机直流变频压缩机驱动模块采用三菱公司的 PS21964-AST，参考图 2-12，对其引脚功能解说如下。

IPM 的 2、3、4 脚为 U、V、W 自举升压输入引脚。C0303、C0302、C0301 为自举升压电容，D301、D302、D303 为 15V 供电

隔离二极管，R301 为限流电阻。在实际维修中由于 R301 为大功率限流电阻，容易发热引起引脚虚焊等。

IPM 的 5、6、7、10、11、12 脚为六路驱动输入引脚，分别通过限流电阻 R16、R15、R14、R13、R12、R11 与 CPU（U1F）的 69、67、63、68、66、62 连接。该电路中任何一个限流电阻开路都会引起驱动不足、压缩机运行电流大，报 H5 故障代码，或室外机黄灯闪 4 次停一下。

IPM 的 8 脚为模块内部上半桥驱动供电（15V），IPM 的 13 脚为模块内部下半桥驱动供电（15V）。

IPM 的 14 脚为模块过电流、高温保护电压输出（FO）引脚，正常运行时默认为 3.2V 高电平，当模块内部检测到故障时输出瞬间低电平，同时关断下半桥驱动信号。该引脚直接连接到 CPU 的 75 脚。

IPM 的 15 脚为强制保护信号输入（CIN）引脚。该引脚默认正常输入电压为低电平（<0.5V），通过分压电阻 R621、隔离二极管（D602、D603、D601）与相电流检测输出引脚相连。当 IPM 的 15 脚检测到输入电压 >0.5V 时，关断下半桥驱动信号，同时控制 FO 引脚输出瞬间低电平。当 CPU 的 75 脚连续多次检测到瞬间低电平信号时控制整机停，室内机显示屏报 H5 故障代码。

**（2）相电流检测电路**

压缩机相电流检测电路与直流风机相电流检测电路工作原理类同，下面重点解说一下检修技巧。

该电路的核心元件是 U601（一个内置 4 路运算放大器的逻辑芯片）。U601C 的 8、9、10 脚为比较器，自建 1.65V 供电电路。该电路 8 脚输出电压的高低受到 10 脚外接电阻 R601、R602 的控制。

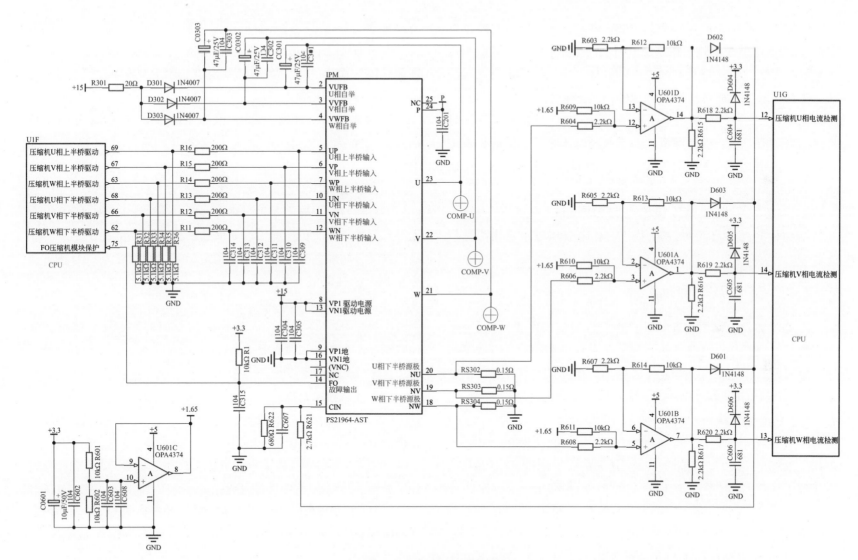

图 2-12 变频压缩机驱动电路

在实际维修中，如果检测到1.65V供电异常，则首先要排查R601、R602这两个电阻。在路用电阻法测量时，受到未知电源负载电阻的影响，无法精确判断电阻的好坏，所以推荐采用电压法进行在路测量，正常时，R602与R601两端所测电压值应该相等，均为1.65V。如果所测某个电阻上的电压偏高，则根据概率法判定该电阻阻值变大，更换即可。如果所测电压相等，但是U601C的8脚输出电压不是标准1.65V，则证明U601内部损坏，更换U601即可。

U、V、W三路相电流检测电路为同相输入差分放大器，电路结构相同，检修时可以采用电压对比法和电阻对比法进行检修。

### 2.2.7 CPU及其他电路

参考图2-13，该机CPU采用80脚G-MATRIK Ⅱ二代芯片，内部集成复位、晶振电路，使外围电路设计更加简单。CPU工作的三要素，其中两大要素（复位、晶振）集成在内部，只要供电（3.3V）正常，CPU就可以开始工作。

#### （1）传感器电路

U1H的15、16、18脚通过分压电阻R802、R801、R804，R803、R808、R807→插排CN2，分三路连接到排气（50kΩ）、环境（15kΩ）、盘管（20kΩ）温度传感器上。当CPU检测到传感器开路或短路时控制整机停机，报F5、F3、F4故障代码。

U1H的6脚外接压缩机过载检测电路，正常状态该脚电压为高电平（3.3V），当压缩机过载保护开关断开时，3.3V供电被切断，U1H的6脚变为低电平（0V），控制压缩机停，故障灯黄灯闪8次停一下，并通知室内机显示H3故障代码。

#### （2）存储器电路

U1H的2、3脚通过限流电阻R47、R48连接到存储器U5的5、6脚。R22、R21为上拉电阻，通过R49接到3.3V供电上。

在实际维修中该电路出现故障会报故障代码EE或黄灯闪11次停一下。检修时，先用电阻法排查R47、R48、R22、R21、R49有无异常。如果有，更换即可；如果都正常，则代换或重新烧写U5进行测试。如果更换U5后仍然报EE故障，则判定为U1H内部损坏，更换U1H即可。

#### （3）JTAG程序烧写电路

U1H的57、58、59、60脚外接JTAG程序烧写电路。更换CPU后，需要用专用仿真驱动工具连接电脑，通过该电路在路烧写原厂程序后方可使用。

#### （4）LED指示灯电路

U1H的47脚外接限流电阻R8、驱动三极管Q1控制红色发光二极管D1工作，R9为限流电阻。

U1H的45脚外接限流电阻R17、驱动三极管Q2控制绿色发光二极管D2工作，R19为限流电阻。

U1H的56脚外接限流电阻R18、驱动三极管Q3控制黄色发光二极管D3工作，R20为限流电阻。

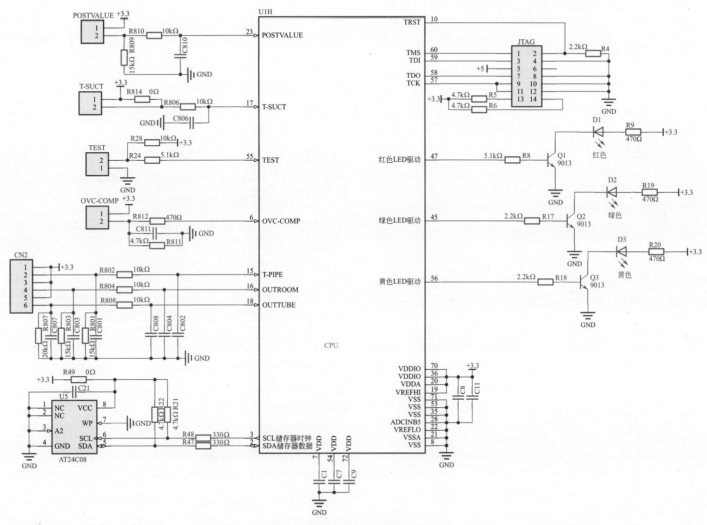

图 2-13　CPU 及其他电路

## 2.3 凉之静系列长板 GRJW809-A1 电路

格力凉之静系列经济型交流风机长板 GRJW809-A1 是一款设计非常经典的机型。图 2-14 为凉之静长板 GRJW809-A1 电路板实物。

### 2.3.1 电流检测、风机控制、电子膨胀阀控制、四通阀控制电路

参考图 2-15，本节包含交流滤波、软启动、电流检测、风机控制、电子膨胀阀控制、四通阀控制电路。交流滤波、软启动电路请参考 2.2.1。本节重点解说电流检测、外风机控制、电子膨胀阀控制、四通阀控制电路。

**（1）电流检测电路**

L03 为电流采样变压器，初级线圈串联在整机零线环路中。当整机工作时，电流越大，初级线圈上的压降越高，次级产生的电压越高。次级线圈电压经 D101、D102、D103、D104 整流→ R103 限流→ C0101 滤波→ R104、R105 降压后，送至 U1L（CPU）的 28 脚。

在该电路中，R106 为负载电阻，D105 为钳位二极管，C107、C108 为滤波电容。

在实际维修中，R105 开路或变大会引起机器运行时电流偏大，报 E5 故障代码。

**（2）外风机控制电路**

CPU 的 48 脚为外风机控制引脚，当外风机达到启动条件时，

该引脚输出低电平（0V），Q704 的 b-e 结为低电平（0V）进入截止区，3.3V 直流供电经过限流电阻 R733 加到反相驱动器 U101 的 6 脚，11 脚输出低电平；12V 直流供电经 K2 外风机控制继电器线圈→ U101 的 11 脚，对地形成电流回路；K2 触点吸合，零线 N1 → K2 触点，外风机（OFAN）控制线圈得电投入工作。

在该电路中，C731 为风机启动电容，D108 为继电器线圈放电元件，RC6、RC5 为滤波元件。

在实际维修中，常见故障为外风机不运转，排除电机、启动电容 C731 的原因后，采用电压法即可逐级判定故障部位。

**（3）电子膨胀阀控制电路**

CPU 的 27、32、38、60 脚为电子膨胀阀控制引脚，通过驱动反相驱动器 U101 的 2、3、4、1 脚→ U101 的 15、14、13、16 脚→通过 CN1 插头，控制电子膨胀阀线圈。

在实际维修中，常见故障有电子膨胀阀阀针卡住、线圈损坏、反相驱动器损坏等故障，具体排查方法如下。

① 电子膨胀阀阀针卡住，可以采用敲击法进行修复，如果无效，则更换膨胀阀即可。

② 电子膨胀阀线圈损坏，可以采用代换法，或用万用表电阻挡测量阻值粗略判断。

③ 反相驱动器 U101 损坏，用代换法直接代换即可。

**（4）四通阀控制电路**

参考图 2-15，当外机收到制热运行指令时，CPU 的 14 脚输出 3.3V 高电平，送到反相驱动器 U101 的 5 脚，经 U101 内部反相处理后由 12 脚输出 0V 低电平，K3 继电器线圈得电，触点吸合，四通阀线圈得电投入工作。D107 为 K3 线圈放电元件。

图 2-14　凉之静长板 GRJW809-A1 电路板实物

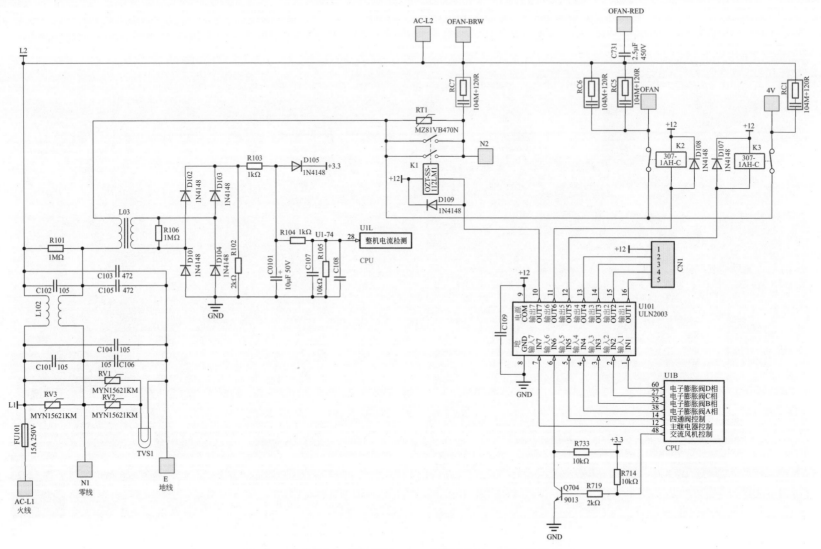

图 2-15 电流检测、风机控制、电子膨胀阀控制、四通阀控制电路

在实际维修中，如果四通阀不工作，可以采用电压法逐级排查，找到故障元件并更换即可。

### 2.3.2 PFC 功率因数校正电路

本节包含了整流滤波电路、过零检测电路、直流母线电压检测电路、PFC 驱动电路、PFC 过电流保护电路，参考图 2-16 进行解说。

**（1）整流滤波电路**

220V 交流市电火线 AC-L1 经图 2-15 中 AC-L2 端子→外置电抗器 L→图 2-1b 中 AC-L3 端子→ DB1 整流桥交流输入端（N3 由另一交流输入端输入），经 DB1 整流后，再经 C0201、C0202、C0203 滤波，产生 300V 左右直流母线电压 P。

在实际维修中发现，如果机器在运行中整流桥击穿短路，则会引起 FU101（图 2-15）熔断器熔断。如果首次开机瞬间整流桥击穿短路，则会引起软启动失败，RT1 严重发热。

**（2）过零检测电路**

该机过零检测电路交流电压采样来自 220V 交流供电。L2 →限流电阻 R221、R222、R220、R205 →双向光耦 U201 → R225、R224、R223、R204 → N2，形成电路回路。由于 U201 采用双向光耦，所以无论是 220V 交流电压的正半轴到达还是负半轴到达，U201 内部的发光管都会发光，只有过零点才会截止，实现过零检测的目的。用示波器检测 R207 两端的波形，正常是 100Hz 方波→经三极管 Q201 倒相放大后，集电极输出 100Hz 过零检测脉冲信号，送到 CPU 的 16 脚，为 PFC 功率因数校正提供参考

依据。

**（3）直流母线电压检测电路**

直流母线电压 P 经 R201、R203 分压，再经 C203、C202 滤波，产生约 1.85V 的直流电压，送至 CPU 的 75 脚，通过内部逻辑运算后得出直流母线电压参考值，为 PFC 功率因数校正提供参考依据。该电路中，D201 为钳位二极管，防止因 R203 开路或变大，300V 母线电压直达而造成 CPU 的损坏。

**（4）PFC 驱动电路**

当 U1A 检测到压缩机开始运行，直流母线电压低于一定值（厂家工程师设定），到达 PFC 启动阈值时，控制 U1A 的 24 脚输出 0～3.3V、几十千赫兹的 PWM 驱动信号，经限流电阻 R210 驱动光耦 U202 进行相应频率的开关工作，驱动 Q203 进行相应频率的开关工作，输出 0～15V 驱动信号，经限流电阻 R213 加到 IGBT Z1 的栅极，使 Z1 工作在 U1A 的驱动频率下。该电路中 R214、Q204 为放电元件。

当 Z1 导通时，外置电抗器上开始储能，当 Z1 截止时，外置电抗器上存储的能量与 220V 交流供电叠加后一并送入整流桥 DB1，使输出的直流母线电压升高，达到功率因数校正的目的。

**（5）PFC 过电流保护电路**

当 RS226、RS227 采样电压高于一定值时，通过 R217、R216 分压驱动 U203 的 1-2 脚内部二极管发光→ U203 的 4-3 脚导通，经 R229 驱动 Q206 饱和导通，CPU23 脚低电平保护。该电路保护时，内机或检测仪会显示 HC 故障代码。

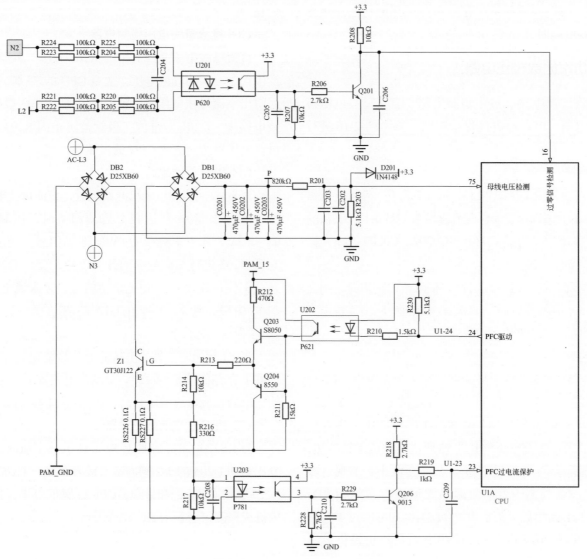

图 2-16　PFC 功率因数校正电路

### 2.3.3 开关电源电路

参考图 2-17，本节电源管理芯片 U401 采用 TOP243，与 2.2.2 中所采用芯片一样。电源管理芯片引脚功能的介绍见 2.2.2，本节重点解说开关电源的振荡、稳压原理及常见故障检修分析。

**（1）振荡原理**

外机上电后，300V 左右的直流母线电压 P 经熔断器 FU401 → C410、D407、R412、D402 组成的阻尼削峰电路→开关变压器 T1 的初级线圈 1-2 脚，送到 U401 的 7 脚，为内部开关管及控制电路提供工作电压。

U401 内部振荡电路产生 132kHz 固定脉冲驱动开关管工作：开关管导通时，T1 初级线圈储能；开关管截止时，初级线圈上存储的能量电压翻转后向次级释放；开关管不断地开关工作，T1 初级线圈不断地将能量释放给次级线圈，实现能量及电压的转换。

**（2）电压输出**

T1 次级线圈 12-11 产生的感应电压经 D405 整流→ C0405、C406 滤波→ U406 三端稳压器（7815）稳压→ C0408、C409 滤波后，产生稳定的 PAM-15V 直流供电，该路供电专供 PFC 功率因数校正电路使用。

T1 次级线圈 10-9 产生的感应电压经 D406 整流→ C0406、C407 滤波→ R408、C0410、Q401 组成的限流保护电路→ U405 三端稳压器（7815）稳压→ C0407 滤波后，输出稳定的 15V 直流供电，该路供电专供变频模块使用。

T1 次级线圈 5-6 产生的感应电压经 D404 整流→ C0402 滤波，产生 12V 直流供电，再经 L401、C0403、C0404 滤波后，产生稳定的 12V 直流供电，供给继电器、反相驱动器等负载使用。

12V 直流供电经限流电阻 R407 →三端稳压器 U404（7805）稳压→ C0404、C405 滤波后，产生 5V 直流供电，供给负载使用。

5V 直流供电经 U4 稳压→ C01、C02 滤波，输出 3.3V 直流供电，供给 CPU 等负载使用。

**（3）稳压原理**

该电路中，U403 是一个内置 2.5V 基准电压比较器的专用稳压集成电路。

T1 次级线圈 3-4 电压→ D403 整流→ C402 滤波，为 U402 的 4 脚提供工作电压。

当 +12V 输出电压升高时，经电阻 R405、R406 分压得到的 R 端基准电压也随之升高，当 U403 的 R 端电压高于 2.5V 时，U403 的 K-A 导通，U402 的 1-2 脚产生 1.1V 压降，内部发光二极管发光，U402 的 4-3 脚导通，U401 的 1 脚得到高电平，U401 内部开关管激励脉冲关闭，输出电压降低。当输出电压低于 +12V 时，稳压环路不启控。

在实际维修中，稳压电路出现故障后会引起输出电压过高、过低、负载短路等，可以采用电阻法、电压法、烧机法进行在路排查，找到坏件。

### 2.3.4 CPU 及传感器电路

该机 CPU 采用 100 脚 TMS320LF2406 芯片，参考图 2-18 对其工作三要素和传感器电路进行解说。

**（1）工作三要素**

① 供电。该机 CPU 采用 3.3V 直流供电，CPU 的 4、10、20、30、35、47、54、59、64、82、83、91 均为供电脚。

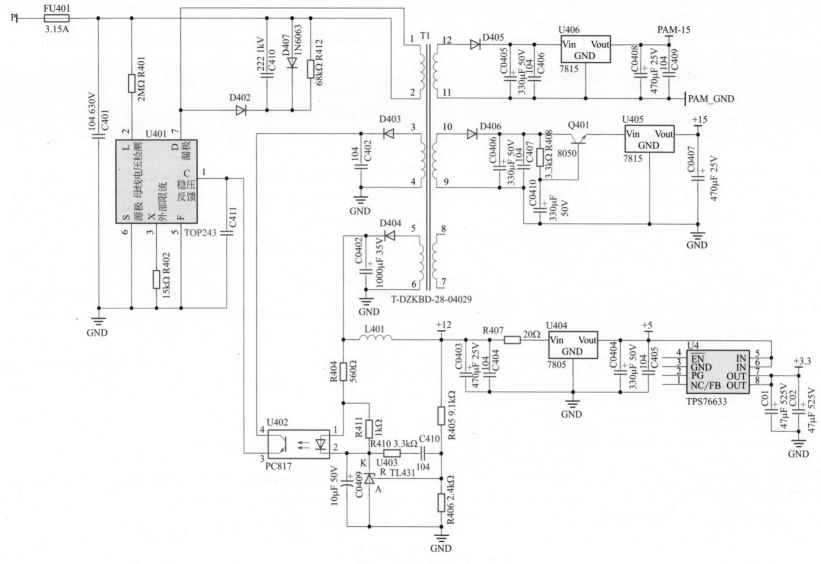

图 2-17 开关电源电路

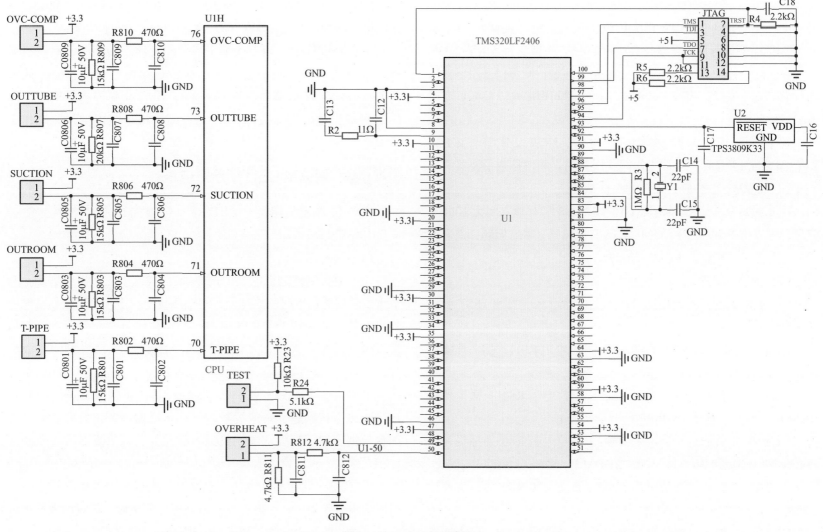

图 2-18　CPU 及传感器电路

② 复位。该机复位采用低电平复位，由 U1 的 93 脚及外围电路 C17、复位 IC U2、3.3V 直流供电组成。上电开机瞬间，U1 的 93 脚为低电平进行复位，复位完成后 U1 的 93 脚变为高电平 3.3V。

在实际维修中，如果怀疑复位电路有问题，则可以采用干预法进行人工复位测试，用一个防静电小镊子瞬间短接 C17 后即可完成人工复位。

③ 晶振。该机晶振电路由 U1 的 87、88 脚及外围电路 R3、Y1、C14、C15 组成。正常工作时，用万用表频率挡或示波器测量 Y1 的 1、2 脚对地之间应该有 10MHz 信号。

在实际维修中，如果检测 U1 的 87、88 脚对地之间无 10MHz 信号，则应排查 R3、Y1、C14、C15 有无问题，若有问题，则进行代换，若正常，则证明 U1 内部损坏。

**(2) 传感器电路**

U1 的 49 脚通过限流电阻 R24、上拉电阻 R23 接到 TEST 测试端子上。

U1 的 50 脚通过限流电阻 R812、下拉电阻 R811、插头外接过热保护开关（OVERHEAT）。

U1H 的 70 脚通过限流电阻 R802、下拉电阻 R801、插头外接 50kΩ 排气温度传感器（T-PIPE）。

U1H 的 71 脚通过限流电阻 R804、下拉电阻 R803、插头外接 15kΩ 室外环境温度传感器（OUTROOM）。

U1H 的 72 脚通过限流电阻 R806、下拉电阻 R805、插头外接 20kΩ 入管温度传感器（SUCTION）。

U1H 的 73 脚通过限流电阻 R808、下拉电阻 R807、插头外接 20kΩ 出管温度传感器（OUTTUBE）。

U1H 的 76 脚通过限流电阻 R810、下拉电阻 R809、插头外接压缩机过载保护开关（OVC-COPM）。

在实际维修中，当上述某个传感器开路或短路时，室外机通过故障灯黄灯闪烁次数进行指示或传输给内机显示相应的故障代码。环境温度传感器故障显示 F3，出管温度传感器故障显示 F4，排气温度传感器故障显示 F5，压缩机过载保护开关动作显示 H3。

**2.3.5 通信及 LED 指示灯电路**

本节包含通信电路、LED 指示灯电路两部分内容，参考图 2-19，进行解说。

**(1) 通信电路**

关于通信电路的供电及发送原理在 2.2.4 中已做详细解说，本节重点解说通信电路的故障分析及检测技巧。由于家用变频空调内外机通信电路采用的是单通道串行数据传输方式，所以无论是数据发送还是接收环节出了问题，都会引起通信失败，报 E6 故障代码。

当机器报 E6 故障时，首先要判断是内机主板、连接线问题还是外机主板问题，锁定故障范围；再根据检测仪数据或万用表测量数据，缩小故障范围，找到故障元件，具体操作方法及步骤如下。

① 连接线问题判断方法。到达维修现场后，首先要检查内外机连接线有无加长。如果有，重新处理加长线接头后再次进行试机测试，看故障是否排除。如果是，则证明故障由连接线引起。如果仍然报 E6 或没有加长过连接线，则直接进行下一步。

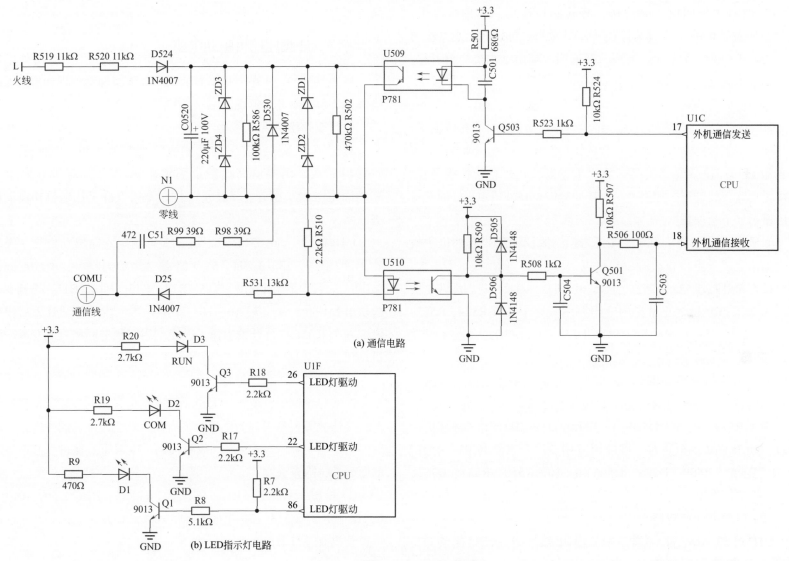

(a) 通信电路

(b) LED指示灯电路

图 2-19 通信及 LED 指示灯电路

② 内机主板问题判断方法。将检测仪连接到室内机端子，断开通向室外机的 S 线，选择代替外机检测内机模式，观察检测仪是否报 E6 通信故障。如果是，则证明故障由室内机主板引起，更换或检修室内机主板即可。如果检测仪显示正常，则进行下一步。

③ 外机主板问题判断方法。将检测仪连接到室外机接线端子，断开通向室内机的 S 线，选择代替内机检测外机模式，观察检测仪是否报 E6 通信故障。如果否，则证明故障由内外机连接线引起，直接更换连接线即可。如果是，则证明故障点在外机主板。通常检测仪显示如下两种数据。

a. 显示通信故障类别 1。含义为：检测仪无法收到外机主板发出的信息。重点检查通信 56V 供电是否正常。如果供电不正常，逐个排查 R519、R520、D524、C0520、ZD3、ZD4，找到坏件更换即可。如果 56V 供电正常，则应用万用表逐个排查 R524、R523、Q503、R501、U509、R502、R531、D25、ZD1、ZD2，找到坏件更换即可。

b. 显示通信故障类别 2。含义为：外机主板无法收到检测仪发来的信息。重点检查通信 56V 供电是否正常。如果供电不正常，逐个排查 R519、R520、D524、C0520、ZD3、ZD4，找到坏件更换即可。如果 56V 供电正常，则应用万用表逐个排查 R506、R507、Q501、R508、R509、D505、D506、U510、R510、R531、D25，找到坏件更换即可。

**(2) LED 指示灯电路**

U1F 的 22、26、86 脚通过限流电阻 R17、R18、R8 驱动 Q2、Q3、Q1 三极管导通与截止，实现 LED 指示灯 D2、D3、D1 的点亮与熄灭。

### 2.3.6 变频压缩机驱动电路

参考图 2-20，本节着重从直流变频压缩机驱动原理和模块保护检修技巧两方面进行解说。

**(1) 变频模块驱动原理**

直流变频压缩机又称为无刷直流变频压缩机，其转子由永磁材料制成，两侧由高速轴承固定，U、V、W 线圈在定子上缠绕固定。为了精确驱动转子工作，专门设计了压缩机相电流检测电路。

U1E 的 39、36、31、37、33、28 脚输出六路驱动信号，经缓冲器 U3 的 9、13、3、11、5、1 脚输入，8、12、4、10、6、2 脚输出，再经限流电阻 R16、R15、R14、R13、R12、R11，送到变频模块 IPM1 的 5、6、7、10、11、12 脚，再经内部驱动放大后控制内部 6 个 IGBT 进行开关工作，逆变产生三相电驱动直流变频压缩机做功。

**(2) 模块保护检修技巧**

在实际维修中，变频压缩机驱动电路最常见的故障就是模块保护，具体故障现象表现为压缩机不启动，黄色故障灯闪 4 次，一段时间后室内机显示屏显示 H5 故障代码。本节重点探讨引起该故障的原因及排除方法。

① 检测 U3、R11、R12、R13、R14、R15、R16、C309、C310、C311、C312、C313、C314 有无异常元件。如有，更换异常元件即可；若没有进行下一步。

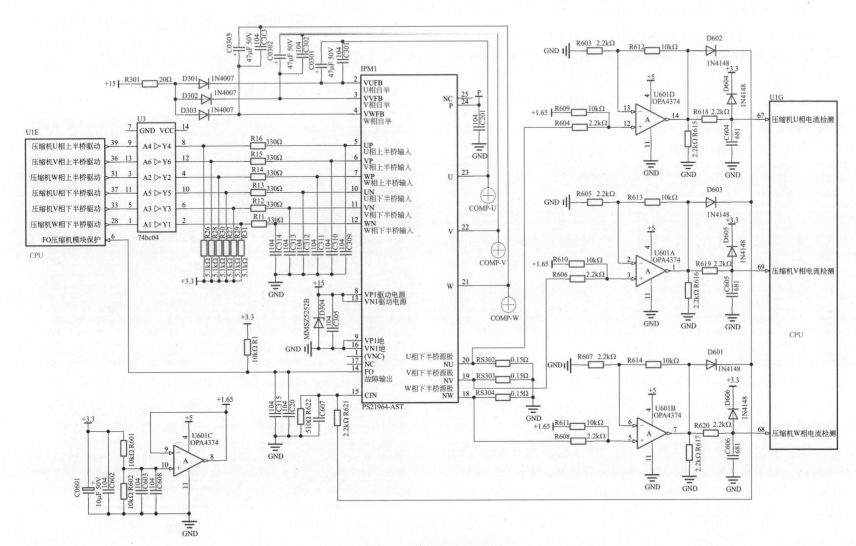

图 2-20　变频压缩机驱动电路

② 检测 IPM1 的 8、13 脚 15V 供电是否正常。如果不正常，则查明原因修复即可；如果正常，则进行下一步。

③ 检测 IPM1 的 2、3、4 脚供电及外围自举升压元件是否正常。如果不正常，则更换坏件即可；如果正常，则进行下一步。

④ 检查 U1G 的 67、68、69 脚待机电压是否为 1.65V。如果否，则查明原因更换坏件即可；如果正常，则进行下一步。

⑤ 在待机状态检测 IPM1 的 15 脚硬件保护输入电压是否大于 0.5V。如果是，则检查外围元件查明原因更换坏件即可；如果否，则进行下一步。

⑥ 用打阻法检测 IPM1 内部 6 个 IGBT 是否正常。如果否，则更换 IPM1；如果是，则进行下一步。操作方法如下。万用表选择二极管挡，红表笔接地（IPM1 的 20、19、18 脚），黑表笔分别检测 U、V、W 端子。万用表显示压降值在 0.4 ~ 0.6 之间并且相同，证明下半桥正常。黑表笔接 P 端，红表笔分别检测 U、V、W 端子，万用表显示压降在 0.4 ~ 0.6 之间并且相同，证明上半桥正常。

⑦ 待机状态，检测 IPM1 的 14 脚是否输出 3V 高电平。如果否，则首先排查外接电容 C20、C315 有无漏电短路。如果有，则进行更换即可；如果电容正常，则进行下一步。

断开 IPM1 的 14 脚与主板引脚，继续测量 14 脚有无 3V 高电平输出。如果有，则证明 U1E 的 6 脚内部损坏，更换 U1E 即可。如果断开后仍无 3V 高电平输出，证明 IPM1 内部损坏，更换 IPM1 即可。

## 2.4　交流风机方板 GRJW828-A3 电路

交流风机方板 GRJW828-A3 是一款方板中具有代表性的机型，主板下边还有一块交流滤波板，图 2-21 为电路板实物。

图 2-21　交流风机方板 GRJW828-A3

## 2.4.1 交流滤波及驱动电路

图 2-22 为交流滤波及驱动电路。

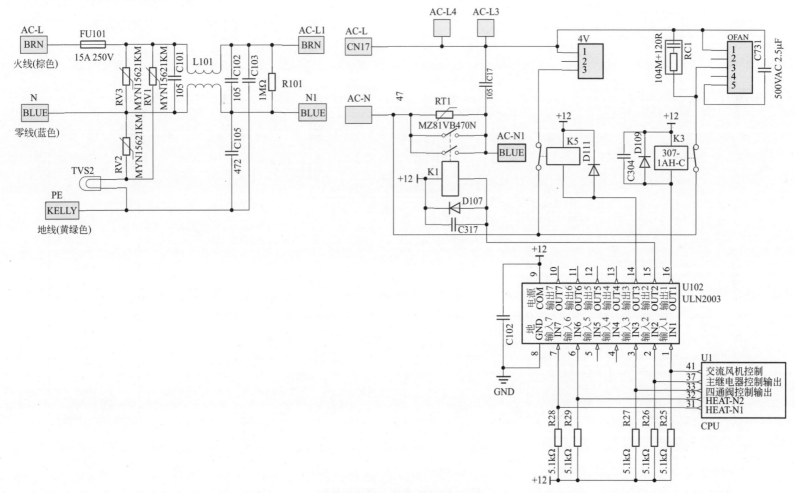

**图 2-22　交流滤波及驱动电路**

## 2.4.2 PFC 功率因数校正电路

图 2-23 为 PFC 功率因数校正电路。

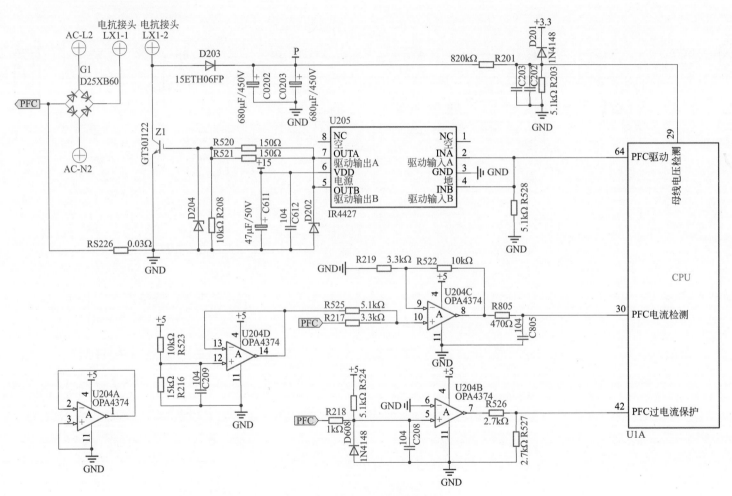

图 2-23 PFC 功率因数校正电路

## 2.4.3 CPU 及存储器电路

图 2-24 为 CPU 及存储器电路。

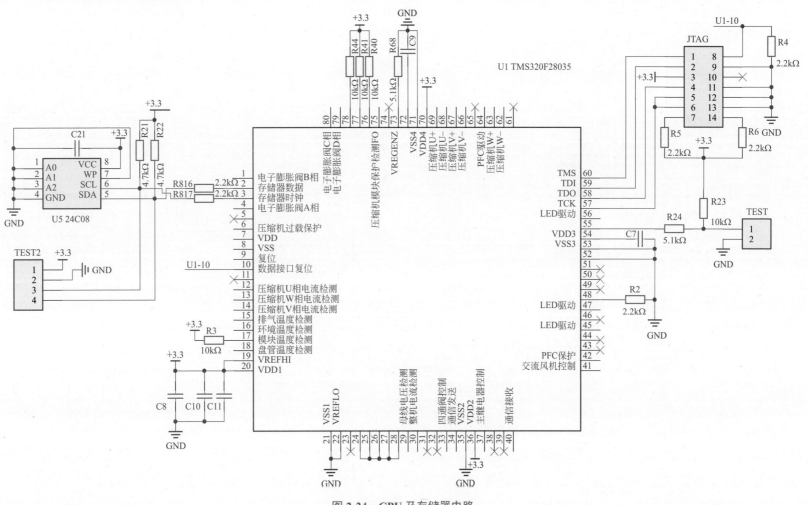

图 2-24　CPU 及存储器电路

### 2.4.4 开关电源电路

图 2-25 为开关电源电路。

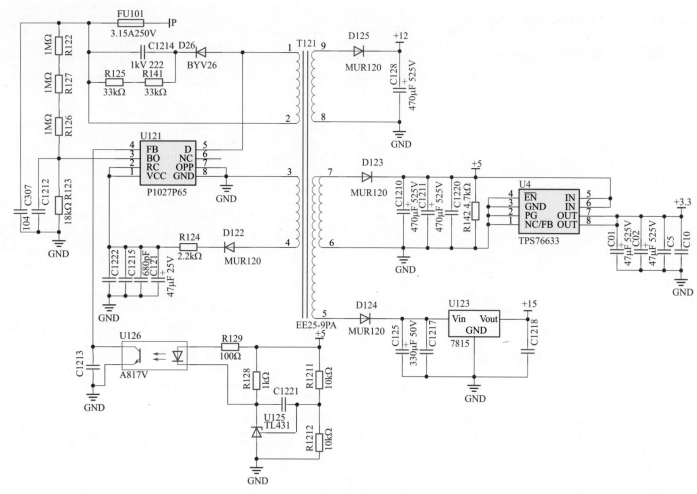

图 2-25 开关电源电路

## 2.4.5 LED、传感器、通信电路

图 2-26 为 LED、传感器、通信电路。

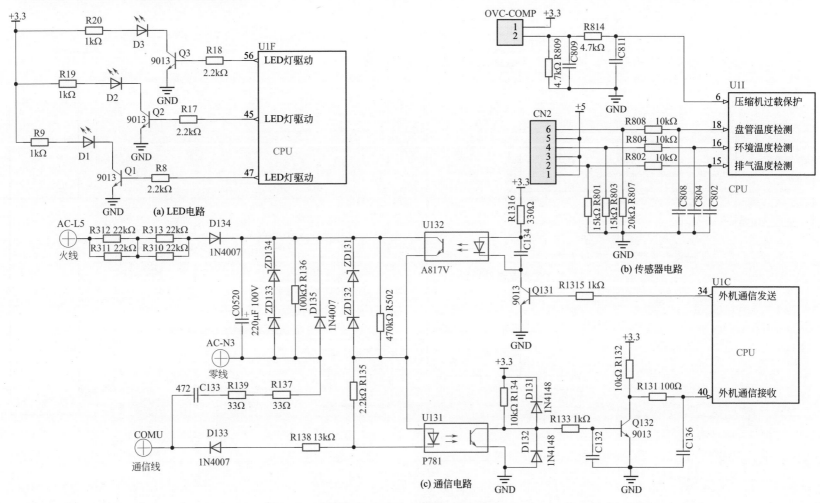

图 2-26 LED、传感器、通信电路

## 2.4.6 变频压缩机驱动电路

图 2-27 为变频压缩机驱动电路。

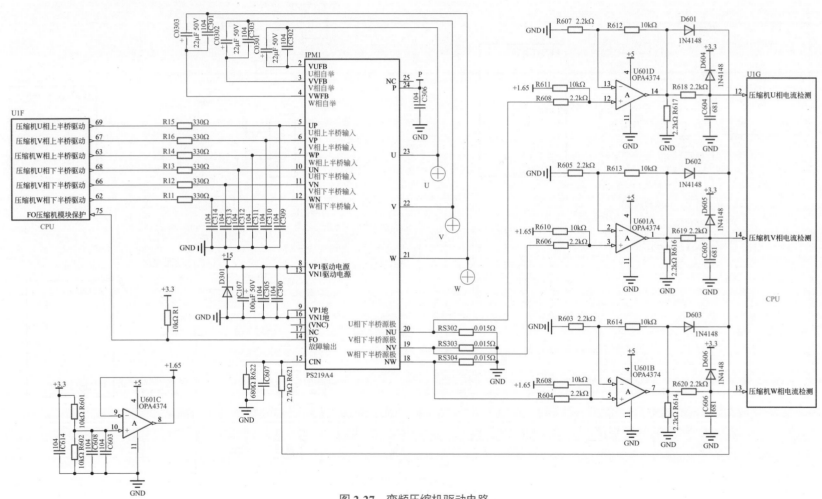

图 2-27  变频压缩机驱动电路

## ▶ 2.5 交流风机方板 GRJW842-A16 电路

交流风机方板 GRJW842-A16 是一款方板经典机型，采用 100 引脚 CPU、交流风机、英飞凌模块，具有一定的代表性，图 2-28 为交流风机方板 GRJW842-A16 电路板实物。

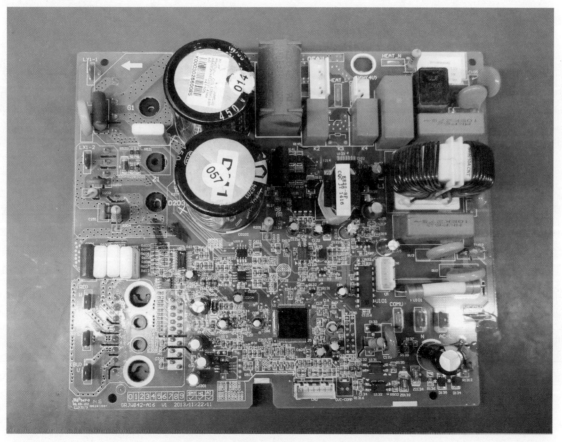

图 2-28　交流风机方板 GRJW842-A16 电路板

图 2-29 为交流滤波及驱动电路。

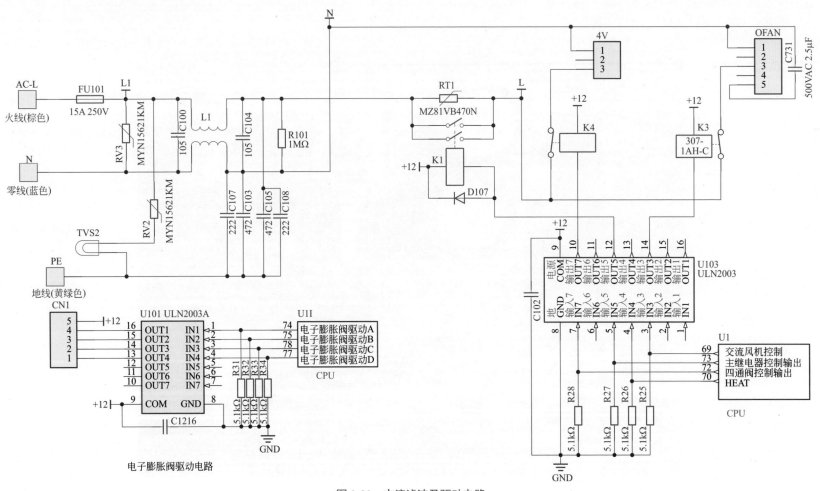

图 2-29　交流滤波及驱动电路

## 2.5.2 开关电源电路

图 2-30 为开关电源电路。

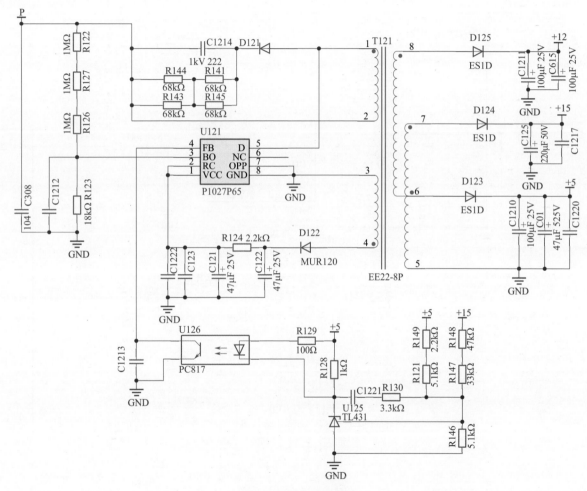

图 2-30 开关电源电路

**PFC 功率因数校正电路**

图 2-31 为 PFC 功率因数校正电路。

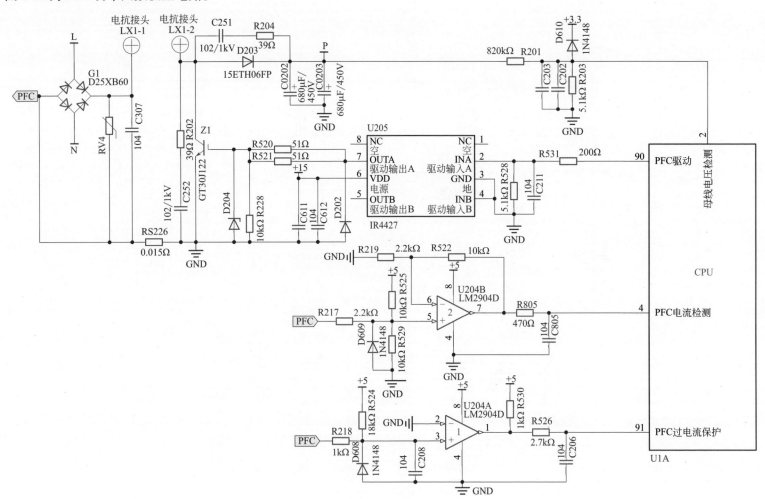

图 **2-31** PFC 功率因数校正电路

## 2.5.4 CPU 电路

图 2-32 为 CPU 电路。

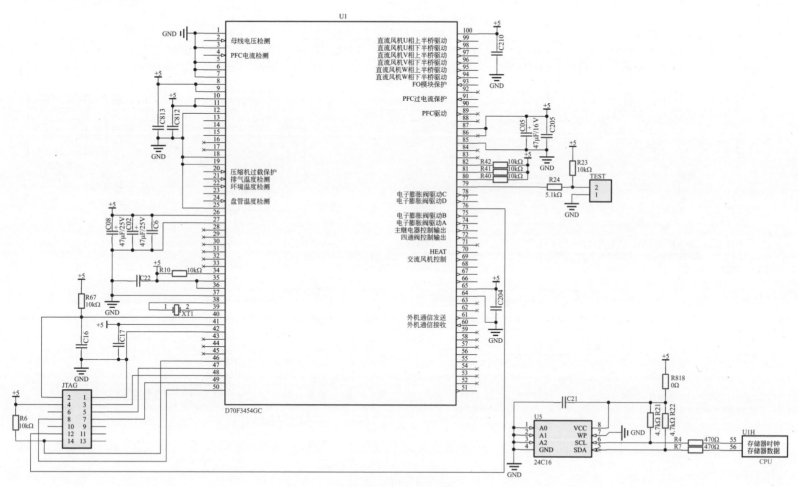

图 2-32　CPU 电路

## 2.5.5　LED、传感器、通信电路

图 2-33 为 LED、传感器、通信电路。

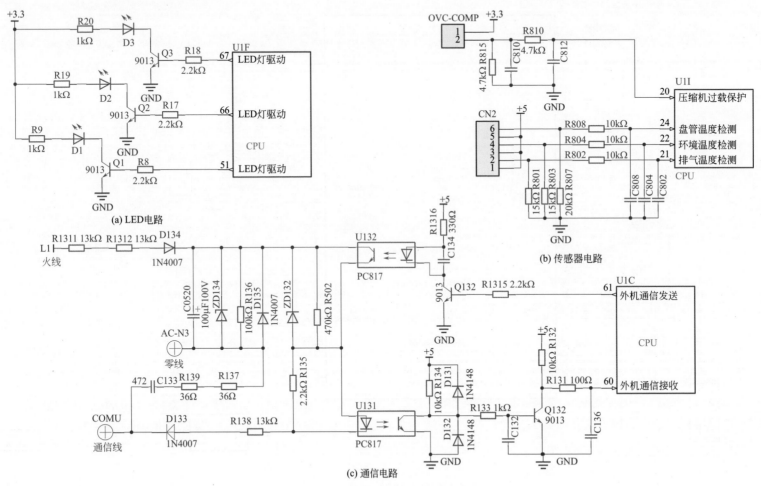

(a) LED电路

(b) 传感器电路

(c) 通信电路

图 2-33　LED、传感器、通信电路

## 2.5.6 变频压缩机驱动电路

图 2-34 为变频压缩机驱动电路。

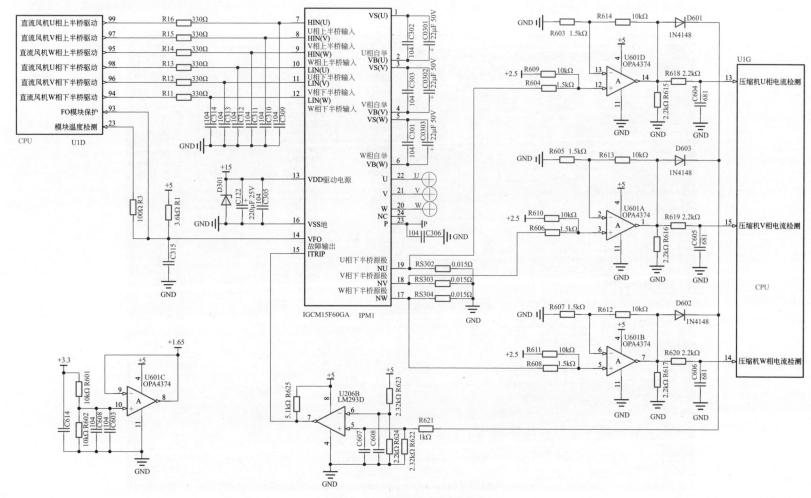

图 2-34　变频压缩机驱动电路

## ▶ 2.6 全直流带电抗方板 GRJW842-A31 V1 电路

图 2-35 为全直流带电抗方板 GRJW842-A31 V1 实物。由于其工作原理与全直流长板类同，故原理分析或检修时参考 2.2 即可。

图 2-35 全直流带电抗方板

## 2.6.1 交流滤波及通信电路

图2-36为交流滤波及通信电路。

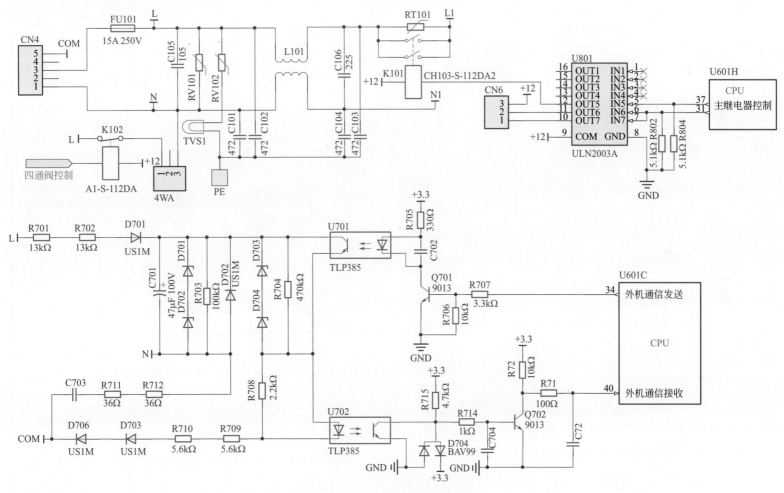

图2-36 交流滤波及通信电路

**PFC 功率因数校正电路**

图 2-37 为 PFC 功率因数校正电路。

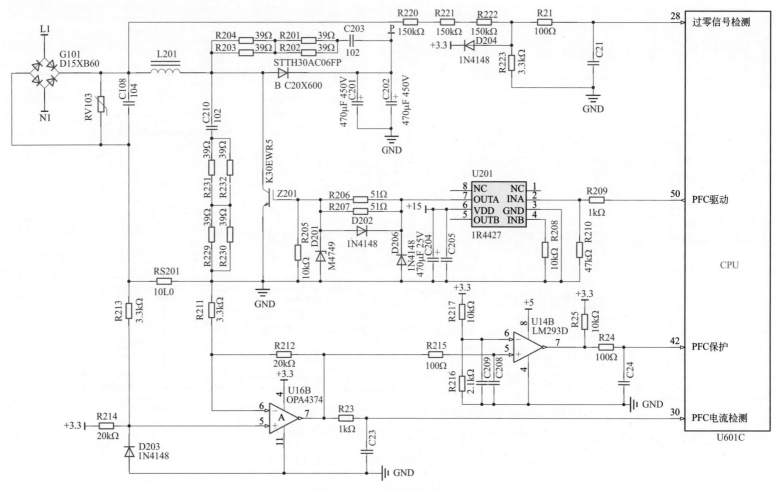

图 2-37 PFC 功率因数校正电路

### 2.6.3 开关电源电路

图 2-38 为开关电源电路。

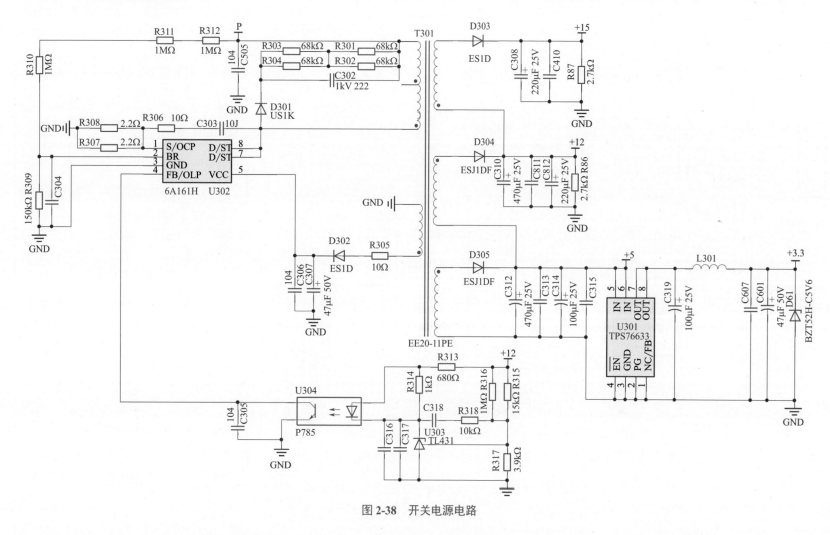

图 2-38 开关电源电路

**电子膨胀阀、四通阀、传感器电路**

图 2-39 为电子膨胀阀、四通阀、传感器电路。

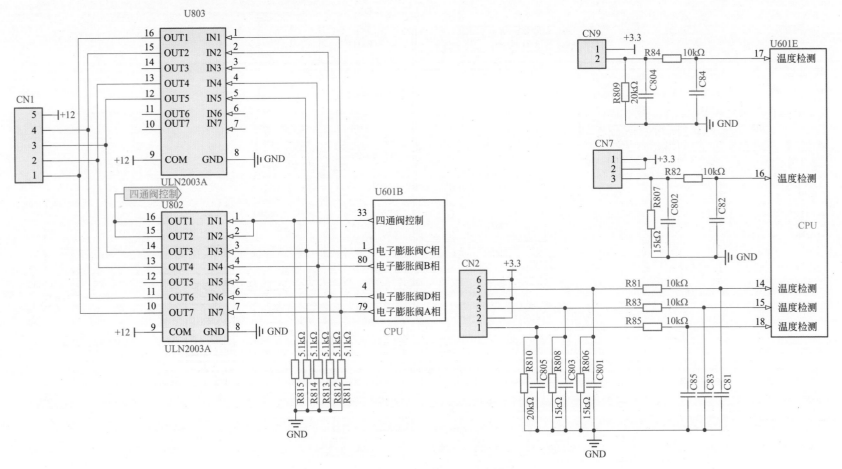

图 2-39　电子膨胀阀、四通阀、传感器电路

## 2.6.5 压缩机驱动电路

图 2-40 为压缩机驱动电路。

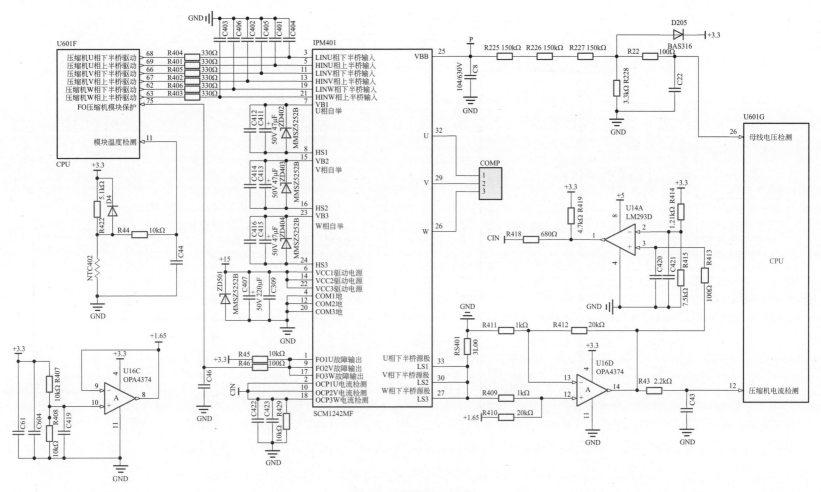

图 2-40 压缩机驱动电路

## 2.6.6 直流风机驱动电路

图 2-41 为直流风机驱动电路。

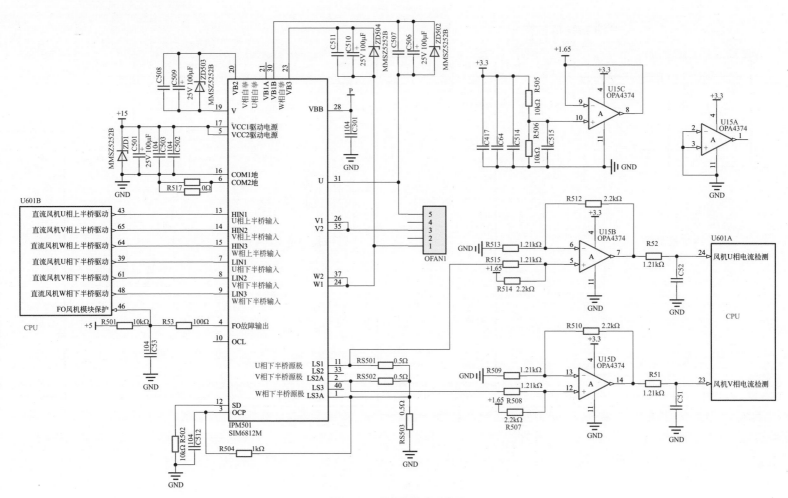

图 **2-41** 直流风机驱动电路

## 2.6.7 CPU 及其他电路

图 2-42 为 CPU 及其他电路。

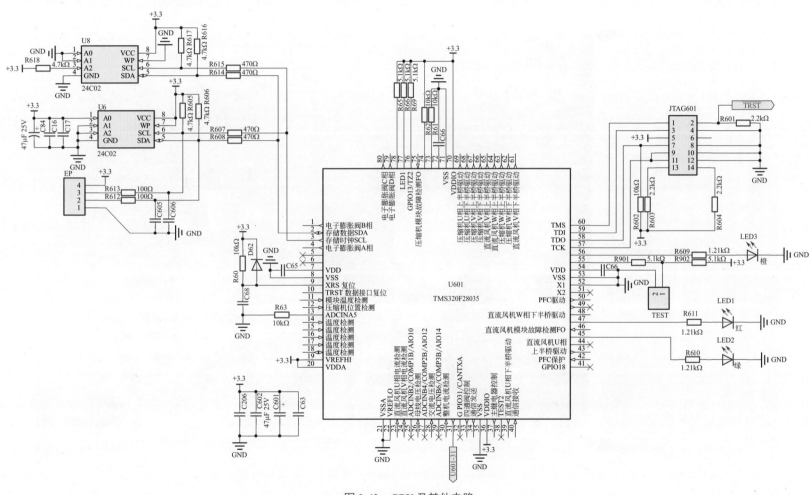

图 2-42　CPU 及其他电路

## ▶ 2.7  GRJW843-A10 V1.2 电路

GRJW843-A10 V1.2 是一款具有代表性的经典机型，主板自带电抗器，双供电设计，图 2-43 为 GRJW843-A10 V1.2 电路板实物。

图 2-43　GRJW843-A10 V1.2 电路板

本节包含了交流滤波、软启动、直流母线电压检测、PFC 驱动、PFC 电流检测及保护电路，参考图 2-44 进行解说。

**（1）交流滤波电路**

C1、L1、L2、C2、R93、R92、R141、R133 组成 EMI 交流平滑电路，又称为交流滤波电路。RV1、RV3 为压敏电阻，当输入电压高于一定值时，如 220V 供电接错线传入 380V 供电时，RV1 击穿短路，FUSE1 击穿，保护后级负载。

压敏电阻 RV2 一端接到 220V 交流供电的零线端，另一端接到放电管 TVS1 一端，放电管另一端接地。这个电路的主要作用是防雷击。C6、C4 一端接入火线，C3、C5 一端接入零线，四者另一端接地，为交流滤波电路的一部分。

**（2）软启动电路**

由于该机采用双供电电路，所以软启动电路由 PTC1、K2 组成。在待机状态 K2、K1 触点均处于开路状态，当室外机 CPU 收到室内机发来的压缩机运行指令时，首先控制 K2 继电器触点吸合，火线→PTC1→K2 触点→整流桥 BD2 交流输入端（零线已经输入到交流输入端）→BD2 整流→续流二极管 D901，给 C301、C302 滤波电容进行充电，当电压充到一定值（200～300V）时，CPU 控制继电器 K1 吸合、K2 断开，完成软启动。

**（3）直流母线电压检测电路**

直流母线电压检测电路由 P（+300）点经电阻 R197、R198、R199 与下拉电阻 R31、R193 分压后，得到约 1.85V 的直流电压送至 CPU（U1）的 26 脚，经内部逻辑运算得出直流母线电压值。D28 为钳位二极管。

**（4）PFC 驱动电路**

当达到 PFC 工作条件时，CPU（U1）的 50 脚输出 0～3.3V 驱动信号，从 U902 专用放大器的 2 脚输入，经内部放大后由 7 脚输出 0～15V 驱动信号，经限流电阻 R905、R901 送到 IGBT Q16 的 G 极。R902 为放电电阻。

**（5）PFC 电流检测及保护电路**

该电路由两部分组成：一部分是由 U11 的 1、2、3 脚及外围电阻组成的整机电流检测电路，这是一个差分放大器电路，PFC 输入电压为负压，整机电流越大，1 脚输出电压越低，经 R641 送至 CPU（U1）的 30 脚；另一部分电路是由 U20 的 1、2、3 脚及外围电阻组成的 PFC 过电流保护电路，当 U11 的 1 脚电压低于 1.65V 时，U20 的 3 脚电压小于 2 脚电压，1 脚输出 0V 低电平，进入保护状态。

在实际维修中发现，无论是 PFC 电流检测电路还是 PFC 保护电路出现问题都会引起机器报 HC 故障代码。为了便于检修时参考，将其待机时关键点电压直接标注在图纸上。所以在检修该电路问题时，直接用电压法测量故障机器实际的关键点电压值，与图纸中标注的电压值进行比对，即可快速找到故障点修复机器。

**2.7.2 开关电源电路**

该机电源管理芯片 IC1 采用三肯 STR-A6251，参考图 2-45，对其引脚功能及工作原理进行解说。

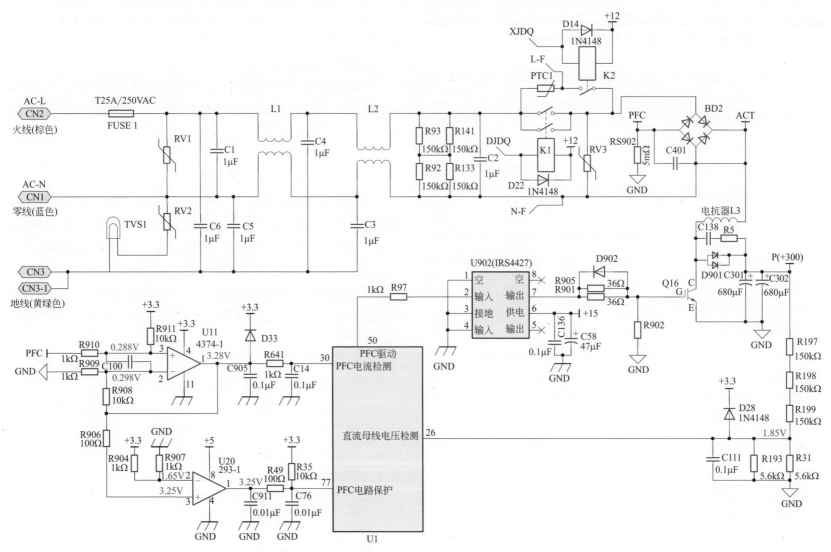

图 2-44　交流滤波、软启动、PFC 驱动、直流母线电压检测、PFC 电流检测及保护电路

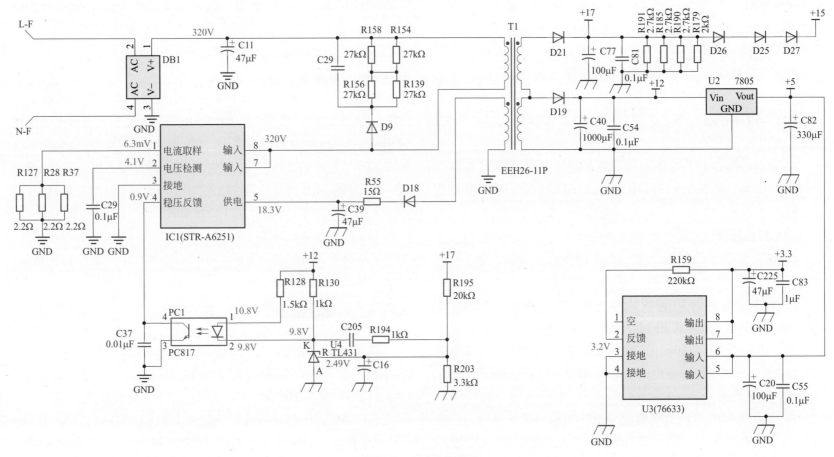

图 2-45 开关电源电路

（1）STR-A6251 引脚功能

1 脚内接 IGBT 的 S 极，外接由 R127、R28、R37 并联组成的电流采样电路。

2 脚为母线电压检测引脚，该机未采用外接电容 C29。

3 脚为内部控制电路接地端。

4 脚为稳压反馈控制引脚，外接反馈控制光耦 PC1、电容 C37。

5 脚为内部控制电路二次供电，由 T1 次级线圈、D18、R55、C39 组成。

7、8 脚内部接开关管的漏极，外部接开关变压器 T1 初级线圈和 D9、C29、R156、R139、R158、R154 组成的 DRC 阻尼削峰电路。

（2）振荡原理

220V 交流市电经 L-F、N-F，送到 DB1 的交流输入端子，经 DB1 整流→C11 滤波，产生约 320V 的直流电压。

320V 直流电压→T1 初级线圈→IC1 的 7、8 脚，送到内部 IGBT 漏极和启动电路，IC1 内部开关管开始工作。

开关管不断地导通和截止，开关变压器 T1 初级线圈上不断地储能和释能，次级线圈感应电压经整流滤波后供给负载使用。

（3）供电输出

T1 次级线圈电压经 D18 整流→R55 限流→C39 滤波，产生 18.3V 左右的直流电压，送到 IC1 的 5 脚，为 IC1 提供持续工作电压。

T1 次级线圈电压经 D21 整流→C77 滤波，产生 17V 左右直流电压。该电压分两路：一路供给稳压采样电路；另一路经 D26、D25、D27 降压后产生约 15V 直流供电供给变频模块、PFC 驱动 IC

等电路使用。该电路中 R191、R185、R190、R179 为负载电阻。

T1 次级线圈电压经 D19 整流→C40、C54 滤波，产生 12V 左右的直流供电。12V 供电经三端稳压器 U2（7805）稳压后，再经 C82 滤波产生稳定的 5V 直流供电。5V 供电经 U3（T6633）稳压→C225、C83 滤波，产生稳定的 3.3V 直流供电。

（4）稳压原理

U4 是一个内置 2.5V 基准电压的比较器。当开关电源输出的 +17V 供电升高时，通过电阻 R195、R203 分压得到的基准电压也随之升高，当 U4 的 R 脚电压高于 2.49V 时，U4 的 K-A 结导通，PC1 的 1-2 脚产生约 1V 压降，PC1 的 1-2 脚内部发光二极管发光，PC1 的 4-3 脚导通，IC1 内部开关管截止，输出电压降低，实现稳压目的。当开关电源输出的 17V 供电低于设定值时，稳压环路不启控。

在实际维修中，R128、R195 电阻变大或开路会引起稳压失控，24V 稳压保护二极管击穿保护，可以用电阻法进行稳压环路电阻的排查，找到坏件更换即可。

### 2.7.3 通信电路

该机通信电路与方板和长板的通信电路结构原理类同，参考图 2-46，本节着重从检修技巧方面进行解说。

（1）56V 供电的产生

火线 AC-L→FU3 熔断器→分压电阻 R1、R14、R15、R12 降压→D1 整流→C24 滤波→ZD1、ZD2 串联稳压，产生相对稳定的 56V 直流电压供给内外机通信电路使用。

该电路中，R69 为负载电阻。ZD1、ZD2 串联后组成 68V 保护电路。

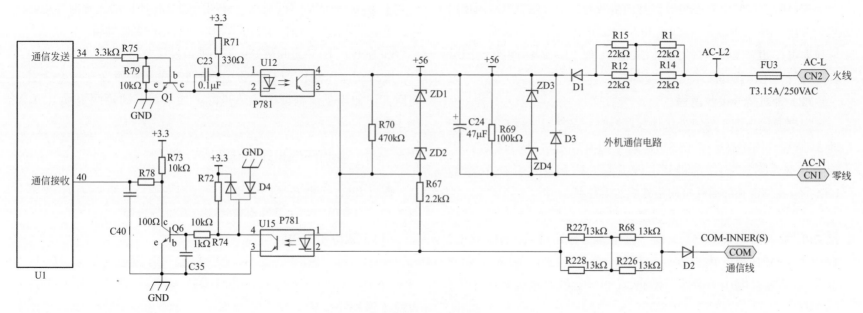

图 2-46　通信电路

R70、R67、R227、R228、R68、R226 为分压电阻，用来调节通信数据传输时的电流。在实际维修中，由于 R70 两端电压承载较高，工作在 0—26—42V 之间的跳变状态，所以容易阻值偏移变小。当该电阻阻值小于一定值时，引起通信波形变异，内机 CPU 无法接收到正常的数据，报 E6 通信故障。

检修时，在断电状态将 S 线与内机断开，用万用表电阻挡在路测量 R70、R67、R227、R228、R68、R226 有无异常。如果有，则更换即可；如果没有，则用电压法测量 U12、U15 各脚电压与图纸标注进行对比，找到故障点修复即可。

**(2) 外机信号接收流程**

根据通信规则，当室外机接收信号时，室外机主板 CPU（U1）的 34 脚保持输出高电平（3.3V），经电阻 R75 送达 Q1 的基极，Q1 饱和导通，U12 的 1-2 脚得到 1.1V 压降，内部发光二极管发光，U12 的 4-3 脚饱和导通，打通室外机通信环路。

此时，整个通信环路受到室内机发送光耦的控制。当室内机 CPU 发送高电平 1（5V）时，整个通信环路打通，U15 的 1-2 脚产生 1.1V 压降，内部发光二极管发光，U15 的 4-3 脚饱和导通，Q6 的基极电压被旁路而截止，CPU 的 40 脚接收到高电平 1（3.3V）。

当室内机 CPU 发送低电平 0（0V）时，默认通信环路短路断开，室外机 CPU 接收到的为默认值低电平 0（0V）。

**(3) 通信类别 1 检修分析**

在实际维修中，用厂家检测仪可以快速判断内机主板或外机主板问题，确定问题后再用电压法锁定范围，用电阻法找到坏件。

用原厂检测仪开启代替内机检测外机模式，假设检测仪显示通信类别 1，代表室外机主板发送电路异常，重点检查外机信号发送流程环路。首先要排除 56V 供电问题，如果供电电压只有 40V 左右（常见为滤波电容 C24 失效），则也会引起该故障。如果供电正常，则接下来用电压法检测 U12 的 1-2 脚跳变电压，初步判定故障范围。通常有以下两种现象：

① 在 0 ~ 0.9V 之间跳变：证明问题出在外机主板通信发送电路，重点检查 R75、Q1、R71、R79，找到坏件更换即可。

② 在 0 ~ 1.1V 之间跳变：证明通信发送电路正常。

继续用电压法检测 U12 的 3-4 脚跳变电压是否在 0 ~ 40V 之间跳变。如果是，则证明故障排除。如果否，则检测更换 R70、U12 即可。

### 2.7.4 变频压缩机驱动电路

该机 IPM1 变频压缩机驱动模块采用三菱公司的 PS219。参考图 2-47，对其引脚功能及相电流检测电路进行解说。

**(1) PS219 引脚功能**

IPM1 的 4、3、2 脚为 W、V、U 自举升压输入引脚。C71、C89、C70、C87、C69、C85 为自举升压电容，D24、D20、D15 为稳压保护二极管。在实际维修中，自举升压电容变质、稳压保护二极管变质容易引起自举升压供电电压不足报模块保护故障等。

IPM1 的 5、6、7、10、11、12 脚为六路驱动输入引脚，分别通过限流电阻 R87、R85、R83、R86、R84、R82 与 CPU（U1）的 69、67、63、68、66、62 连接。该电路中任何一个限流电阻开路都会引起驱动不足、压缩机运行电流大，报 H5 故障代码。

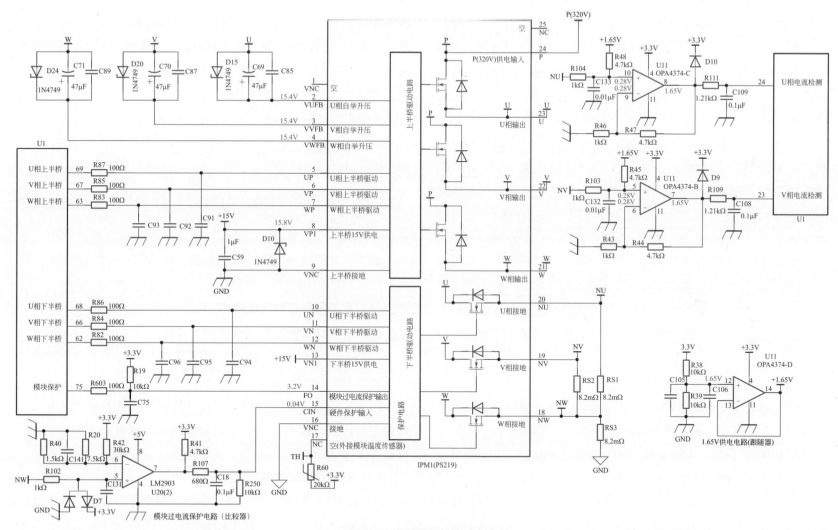

图 2-47　变频压缩机驱动电路

IPM1 的 8 脚为模块内部上半桥驱动供电（15V），IPM1 的 13 脚为模块内部下半桥驱动供电（15V）。

IPM1 的 14 脚为模块过电流保护电压输出（FO）引脚，正常运行时默认为 3.2V 高电平，当模块内部检测到故障时输出瞬间低电平，同时关断下半桥驱动信号。该引脚通过电阻 R603 连接到 CPU 的 75 脚。

IPM1 的 15 脚为硬件保护信号输入（CIN）引脚。该引脚默认正常输入电压为低电平（<0.5V），通过电阻 R107 与模块过电流保护检测电路相连。当 IPM1 的 15 脚检测到输入电压大于 0.5V 时关断下半桥驱动信号，同时控制 FO 引脚输出瞬间低电平。

IPM1 的 17 脚外接模块温度外置传感器 R60。

IPM1 的 18 脚外接模块电流采样电阻 RS3。

IPM1 的 19、20 脚外接 V、U 相电流采样电阻 RS2、RS1。

IPM1 的 21、22、23 脚外接 W、V、U 压缩机接线端子。IPM1 的 24 脚为 320V 直流母线电压输入。

**（2）相电流及模块过电流保护电路**

该机相电流检测电路采用 U、V 两相相电流检测进行转子位置的判断，主要由 U11 运算放大器进行。

U11 的 12、13、14 脚及外围电阻 R38、R39 组成 1.65V 供电电路，为相电流检测运放提供上拉供电。

U11 的 8、9、10 脚及外围元件组成 U 相电流检测电路，这是一个同相输入差分放大器电路，正常待机时，8 脚电压约为 1.64V，当压缩机运行起来后，随着压缩机运行电流的增大，8 脚电压也升

高，通过电阻 R111 送到 CPU 的 24 脚。该电路电压异常时上电报 U1 故障代码。U11 的 5、6、7 脚及外围元件组成 V 相电流检测电路，这是一个同相输入差分放大器电路，正常待机时，7 脚电压约为 1.62V，当压缩机运行起来后，随着压缩机运行电流的增大，7 脚电压也升高，通过电阻 R109 送到 CPU 的 23 脚。该电路电压异常时上电报 U1 故障代码。

U20 的 5、6、7 脚及外围元件组成模块过电流保护电路，这是一个比较器。该电路异常会引起上电报 H5 故障代码。

## 2.7.5 电子膨胀阀、电加热、外风机、四通阀控制电路

本节包含了电子膨胀阀、电加热、四通阀、外风机控制电路，参考图 2-48 进行解说。

**（1）电子膨胀阀控制电路**

该机电子膨胀阀线圈插头采用 5 线式。FA 的 1 脚为 12V 直流供电。FA 的 2、3、4、5 脚为控制引脚，为了增大功率采用 2 个 ULN2003 反相驱动器两路并联的方式驱动。

在实际维修中，电子膨胀阀常见故障为阀体被异物卡住而引起调节失灵，这时可以尝试采用敲击法进行修复，如果无效，更换阀体即可。

**（2）电加热控制电路**

HEAT 插座为压缩机曲轴加热带控制端子，通常 3hp（1hp=745.6999W）及以上压缩机采用该电路，该机为 2hp 机器，虽有电路设计但实际并未采用。

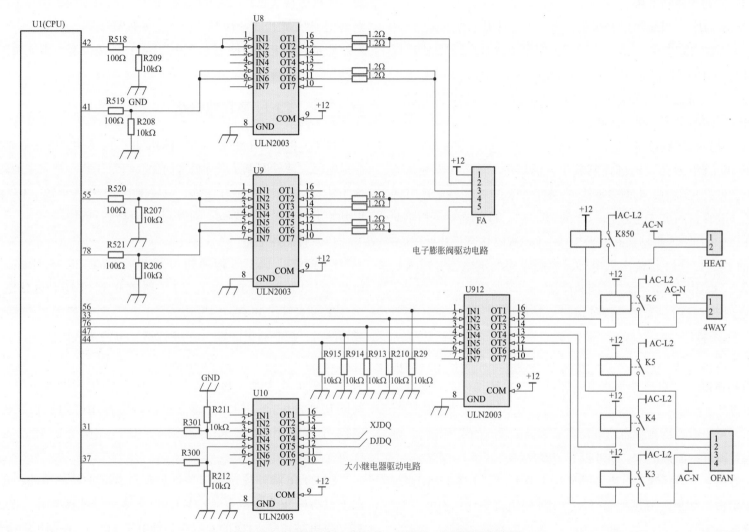

图 2-48 电子膨胀阀、电加热、外风机、四通阀控制电路

### (3) 四通阀控制电路

4WAY 插座为四通阀控制端子。当冬季空调开启制热运行时，U1 的 33 脚输出高电平（3.3V），送到反相驱动器 U912 的 2 脚，经内部处理后 15 脚输出低电平（0V），K6 继电器控制线圈上产生 12V 压降，K6 继电器触点吸合，AC-L2 经 K6 触点送达四通阀线圈，控制四通阀阀体切换为制热流向模式。

### (4) 外风机控制电路

OFAN 插座为交流风机控制端子，插座的 1、2、3 脚分别为高、中、低挡位控制，4 脚接零线 AC-N。交流电机引线上还有两根接启动电容，固定在壳体上。U1 的 76、47、44 脚通过反相驱动器 U912 的 3、4、5 脚输入高电平 3.3V，经 U912 内部反相处理后，U912 的 14、13、12 脚输出低电平，控制对应的继电器 K5、K4、K3 吸合，实现风机高、中、低挡的控制。

在实际维修中，如果发现外风机不转可以通过如下方法进行检修。

用手拨动一下风叶，观察转动是否灵活。如果不灵活，则证明电机轴承缺油，更换轴承或电机即可；如果转动灵活，则进行下一步。

用万用表电容挡测量启动电容容量是否正常。如果不正常，则更换电容即可；如果正常，则进行下一步。

用万用表电阻挡测量电机 OFAN 插头上 1、2、3 与 4 之间是否有一定阻值。如果阻值显示无穷大，则证明电机损坏；如果正常，则进行下一步。

在上电状态用干预法分别给 U912 的 3、4、5 脚输入 3.3V 供电，观察风机运行状态，如果某脚输入电压后电机不转，则继续排查该路继电器线圈上是否有 12V 压降。如果有压降，但电机不转，就继续测量该路电机线圈有无 220V 供电；如果没有，则证明该路继电器损坏，更换即可。

## 2.7.6 CPU 及其他电路

该机 CPU 采用 80 脚 G-MATRIK II 二代芯片，内部集成复位、晶振电路，使外围电路设计极大简化。CPU 工作三要素中的两大要素（复位、晶振）集成在内部，只要供电（3.3V）正常，CPU 就可以开始工作。参考图 2-49，对其附属电路进行解说。

### (1) 传感器电路

U1 的 13、14、15 脚通过分压电阻 R64、R175，R66、R81，R65、R173 → 插排 T-sensor，分三路连接到排气（50kΩ）、环境（15kΩ）、盘管（20kΩ）温度传感器上。当 CPU 检测到传感器开路或短路时，控制整机停机，报 F5、F3、F4 故障代码。

在实际维修中，如果报传感器故障代码，首先把传感器插头从主板上拔下来，再用万用表电阻挡测量传感器阻值，初步判断其是否正常。如果传感器正常，则再用电阻法检测传感器电路分压电阻 R64、R175、R66、R81、R65、R173，找到坏件更换即可。

U1 的 16 脚外接压缩机顶部温度过载保护检测电路，正常状态下该脚电压为高电平（3.3V），当压缩机过载保护开关断开时，3.3V 供电被切断，U1 的 6 脚变为低电平（0V），控制压缩机停机，并通知室内机显示 H3 故障代码。

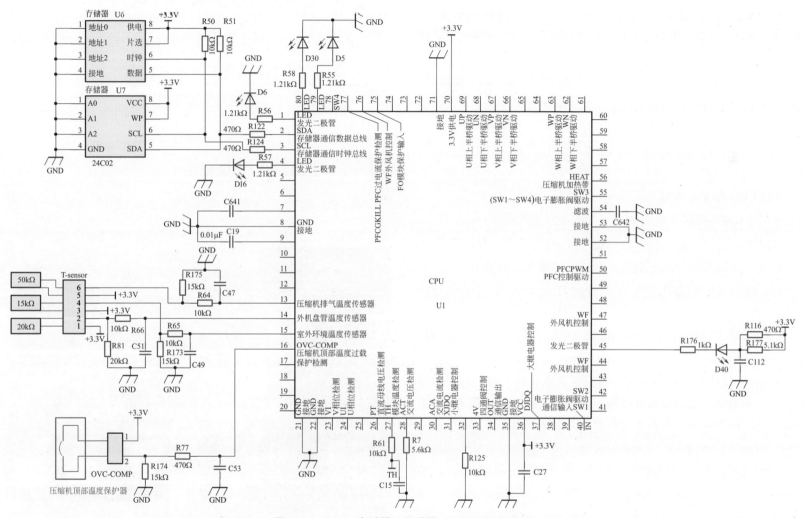

图2-49 CPU、存储器、传感器、LED指示灯电路

### (2) 存储器电路

U1 的 2、3 脚通过限流电阻 R122、R124 连接到存储器 U6、U7 的 5、6 脚。R51、R50 为上拉电阻，直接接到 3.3V 供电上。

在实际维修中，该电路出现故障会报 EE 故障代码。检修时，先用电阻法排查 R122、R124、R51、R50 有无异常。如果有，则更换即可；如果都正常，则代换或重新烧写 U6、U7 进行测试。如果更换 U6、U7 后仍然报 EE 故障，则判定为 U1 内部损坏，更换 U1 即可。

### (3) LED 指示灯电路

U1 的 1 脚外接限流电阻 R56 直接驱动发光二极管 D6 工作。

U1 的 4 脚外接限流电阻 R57 直接驱动发光二极管 D16 工作。

U1 的 79 脚外接限流电阻 R55 直接驱动发光二极管 D5 工作。

U1 的 80 脚外接限流电阻 R58 直接驱动发光二极管 D30 工作。

U1 的 45 脚外接限流电阻 R176 直接驱动发光二极管 D40 工作。

上电后 CPU（U1）先进行各路关键点电压的自检，此时上述指示灯全部点亮。如果自检各电路没有发现问题可以正常开机，则按用户设定模式运行，红色指示灯慢闪。如果自检时发现某电路有问题，则通过上述指示灯立刻显示故障信息，外机锁定，并将故障代码信息通过内外机通信线传输给室内机 CPU，由内机 CPU 控制内机显示板显示相应故障代码。

通常外机指示灯故障信息代码表贴在室外机电控盒盖子上，便于维修时查询。

## 2.8　GRJW823-A1 V1 电路

GRJW823-A1 V1 是一款具有代表性的经典机型，采用双硅桥、双供电设计，图 2-50 为电路板实物。

### 2.8.1　交流滤波电流检测驱动电路

图 2-51 为交流滤波电流检测驱动电路。

### 2.8.2　整流滤波 PFC 电路

图 2-52 为整流滤波 PFC 电路。

图 2-50　GRJW823-A1 V1 电路板

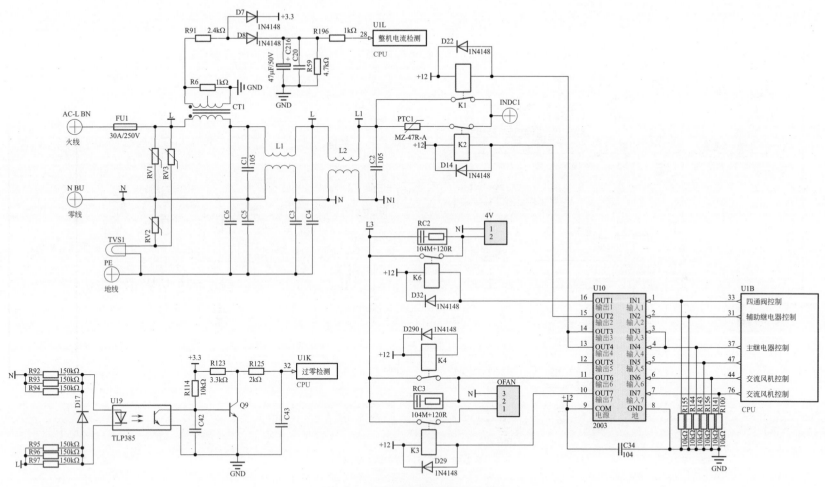

图 2-51　交流滤波电流检测驱动电路

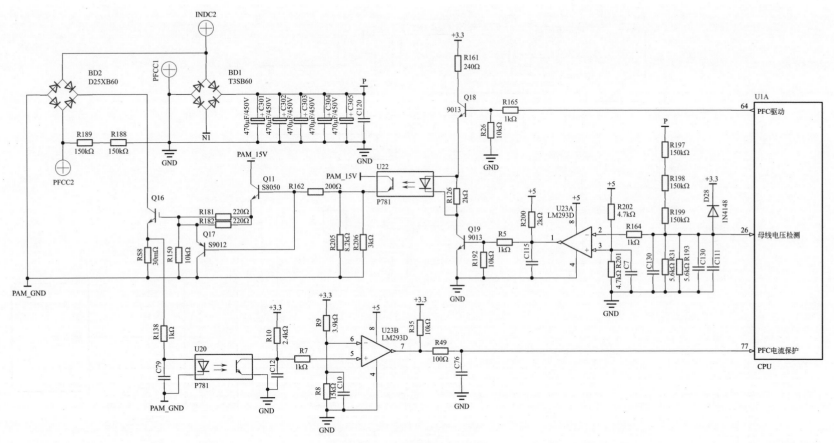

图 2-52　整流滤波 PFC 电路

## 2.8.3 开关电源电路

图 2-53 为开关电源电路。

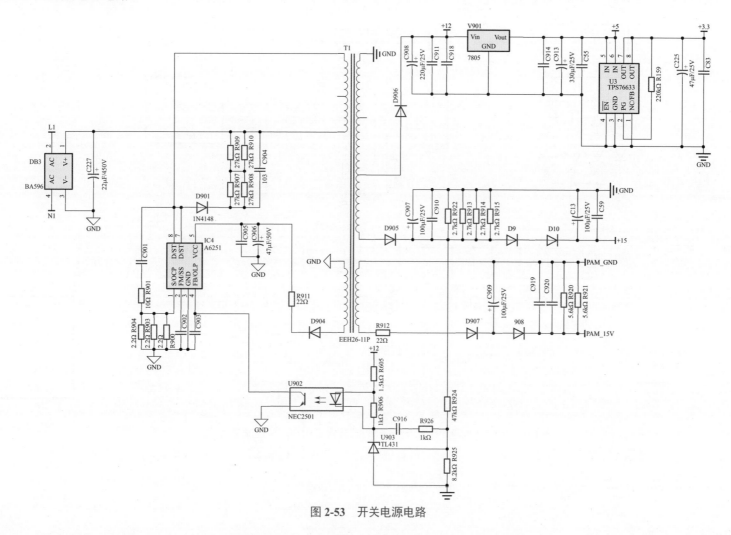

图 2-53　开关电源电路

## 2.8.4 LED、传感器、通信电路

图 2-54 为 LED、传感器、通信电路。

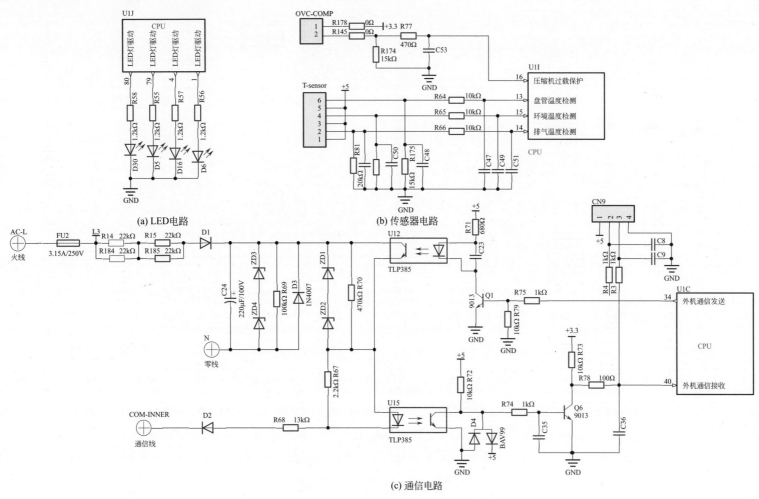

(a) LED电路

(b) 传感器电路

(c) 通信电路

图 2-54　LED、传感器、通信电路

## 2.8.5 CPU 存储器电路

图 2-55 为 CPU 存储器电路。

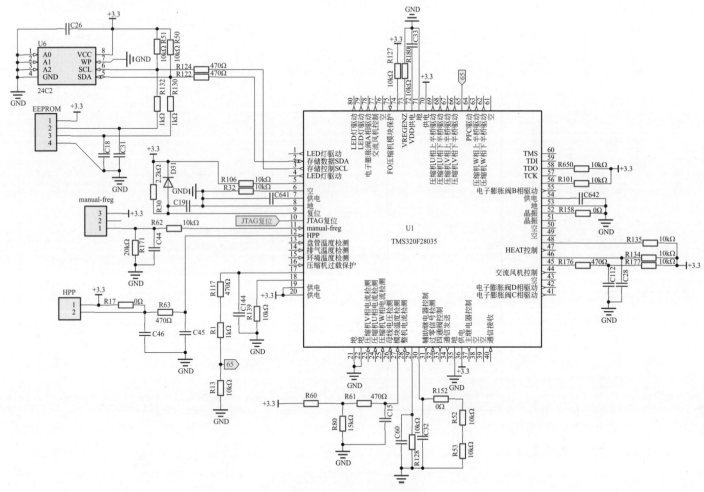

图 2-55　CPU 存储器电路

图 2-56 为变频压缩机驱动电路。

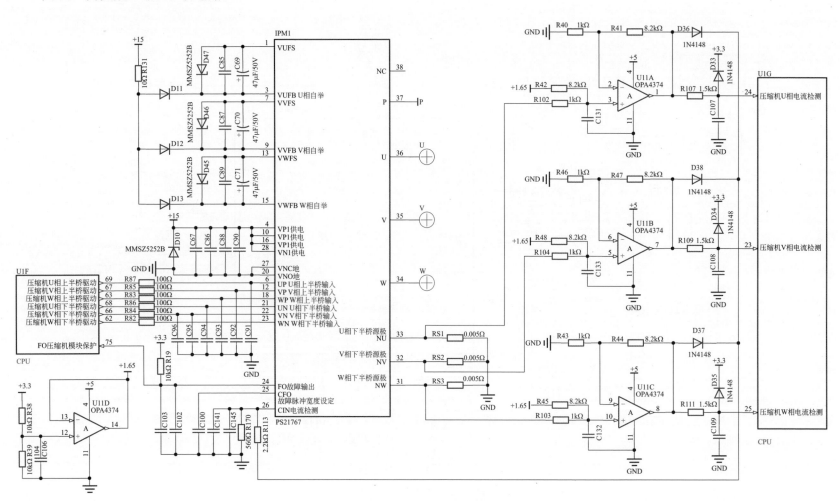

图 2-56　变频压缩机驱动电路

# 第 3 章

# 美的变频空调电路

本章精选了具有代表性和市场上保有量较大的 1 款内机主板和 7 款外机主板，根据实物将其原理图绘出，并对其经典机型图纸进行解说。

## ▶ 3.1 内机 KFR-26G/BP2DN1Y-J 电路

美的 KFR-26G/BP2DN1Y-J 内机主板是一款经典机型，市场保有量较大，图 3-1 为主板实物。

### 3.1.1 电源、通信电路

本节包含电源电路、通信电路两部分内容，参考图 3-2、图 3-3 进行解说。

**（1）电源电路**

220V 交流市电 AC-L → 熔断器 FUSE1 → 压敏电阻 ZR1 → 滤波电容 C9 → 热敏电阻 PTC1 → CN2 的 2 脚 → 变压器 T0 的初级线圈（同时零线 N 也已经送达），经 T0 变压后次级输出 9.5V、13.5V 两路交流电压。

T0 次级 13.5V 交流电压经 D1 ～ D4 整流 → 滤波电容 E1、C1 滤波 → 三端稳压器 IC1 稳压处理 → E2、C2 再次滤波，输出稳定的 +12V 直流电压，供给负载使用。

T0 次级 9.5V 交流电压经 D9 ～ D12 整流 → 滤波电容 E14、C28 滤波 → 三端稳压器 IC2 稳压处理 → C20、C30 再次滤波，输出稳定的 +5V 直流电压，供给负载使用。

RY1 为室外机上电继电器，当内机 CPU 接收到用户指令，需要外机工作时，RY1 吸合。火线 AC-L → RY1 触点 → L-OUT 给室外机和通信电路供电。

RY2 为室内机电加热控制继电器，当 CPU 收到用户指令，内机开制热，风机启动并达到电加热开启条件时，控制 RY2 继电器吸合。火线 AC-L → 熔断器 FUSE2 → RY2 触点给电加热组件供电。

图 3-1 内机 KFR-26G/BP2DN1Y-J 电路板

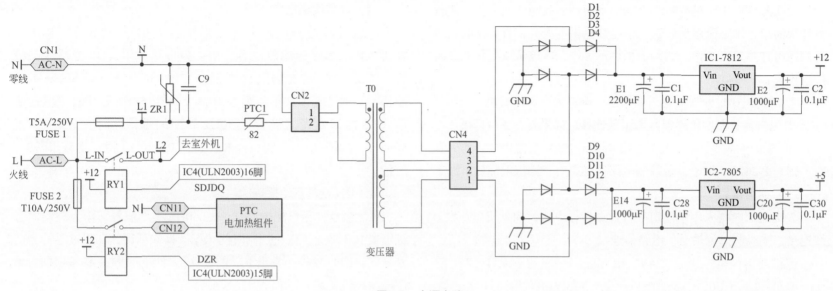

图 3-2　电源电路

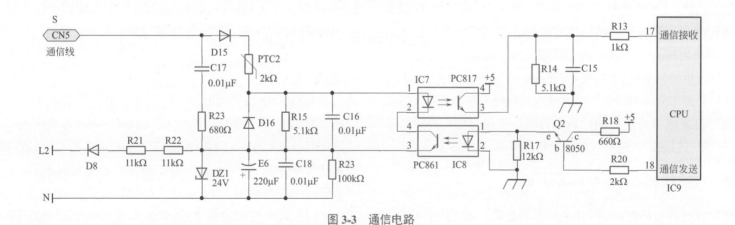

图 3-3　通信电路

在实际维修中常见故障为电加热不启动引起制热效果差。判断方法很简单，用电流钳形表钳一下电加热供电火线，看有无电流即可判断电加热是否工作。如果电加热不工作，应该从以下几个方面进行排查：

① 内机风速是否为低速。如果是，调整为中速或高速。

② 内机盘管温度传感器是否阻值偏移。如果是，更换即可。

③ 测量电加热控制继电器输出端有无 220V 交流供电。如果没有，则查 FUSE2、继电器及控制电路。如果有，则查电加热组件。

### （2）通信电路

该机通信电路采用单通道串行数据传输方式，内外机用一根 S 线连接，零线同时也是通信电路的地线。

该机通信供电电压为 -24V，由 L2 经 D8 整流→ R21、R22 降压→ DZ1 稳压→ E6、C18 滤波后产生。R23 为负载电阻。

内外机通信收发原理在 3.2.3 中详细解说，本节重点探讨检修技巧。由于内机 CPU 检测到通信电路或室外机有故障时会控制上电继电器 RY1 触点断开，切断通信电路供电 L2，所以给检修通信电路故障带来困难。为了解决这个问题，通常采用干预法将 RY1 的触点用导线短接，即可长时间检测通信电路各关键点电压。为了快速判断引起通信故障的具体部位，通常采用变频空调检测仪模拟内机检测外机或模拟外机检测内机的方法，快速判定出故障部位（内机、外机、连接线），进行代换或维修即可。

### 3.1.2 过零检测、PG 电机驱动电路

本节包含过零检测电路和 PG 电机驱动电路，参考图 3-4 进行解说。

### （1）过零检测电路

该机过零检测电路采样波形来自 220V 交流供电。R61 为降压电阻，C48 为滤波电容，R84 为负载电阻，D5 为整流二极管，IC25 为过零检测隔离光耦。220V 的交流电是 50Hz 正弦波信号，经 D5 半波整流后在 R84 上产生 50Hz 脉动直流电，驱动 IC25 内部发光二极管以 50Hz 周期闪烁，此时在 R3 上产生 50Hz 左右过零检测方波，经 R51 送到 IC9 的 13 脚，波形如图 3-5 所示。

### （2）PG 电机驱动原理

IC9 参考过零检测电路送来的 50Hz 零点信号，作为驱动固态继电器 IC3 导通、截止控制时间依据。换句话说，如果过零检测信号异常，CPU 就停止发出 IC3 的驱动信号（因为缺乏参考依据，无法控制风机转速）。

当 IC9 收到用户发来的送风低挡指令后，参考过零检测信号，控制 14 脚输出 100Hz 左右驱动信号（该信号根据计算会延迟一定时间后发出，延时后控制 IC3 导通与截止时刚好使输出交流电压为 80V 左右，波形如图 3-6 所示），经限流电阻 R33、R34 →三极管 Q3 的 b-e 结，控制 Q3 的 c-e 结导通与截止。

当 Q3 的 c-e 结导通时，+5V 供电→ IC3 的 2 脚内部发光二极管→ 3 脚输出→限流电阻 R6 → Q3 的 c-e →地，形成电流回路。

此时，IC3 的 6-8 脚内部晶闸管导通，火线 L1 从 IC3 的 6 脚进入→ 8 脚输出→ L0 → CN3 的 2 脚，送达内风机绕组。

C7、R5 为滤波元件，C6 为风机启动电容。在实际维修中，C6 风机启动电容容量变小或失效，会引起风机转速慢或不运转等。

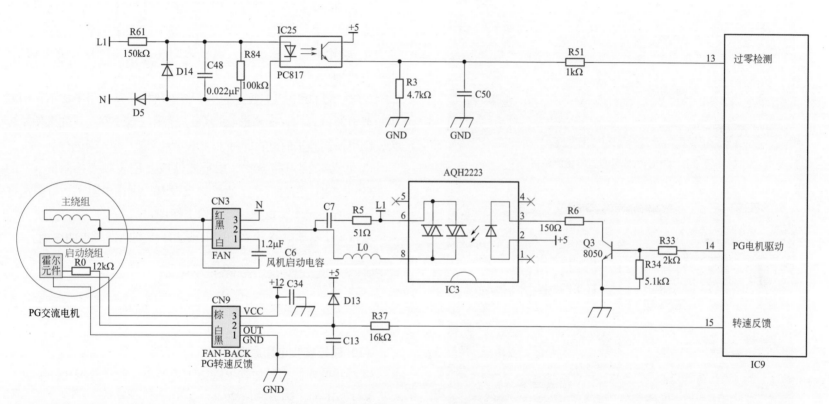

图 3-4 过零检测、PG 电机驱动电路

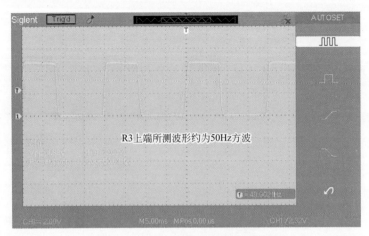

图 3-5　CPU13 脚实测过零检测波形

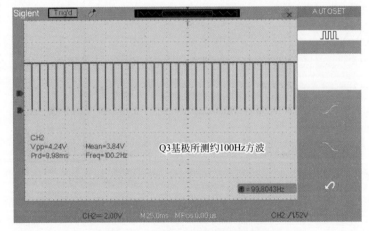

图 3-6　CPU14 脚驱动实测波形

PG 电机内部有一个小板，装有一个霍尔元件和一个电阻，电机转子上固定着一个磁环，构成电机转速检测电路。该电路目的是监控电机转速，使之工作在用户设定的风速范围内。该电路失效会引起开机后电机飞速运转，一段时间后报 E3 故障。

**（3）PG 风机不转检修技巧**

通过 PG 电机驱动原理分析，了解到引起风机不转的原因有以下几点。

① 风轮卡住、轴承坏、电机线圈坏。调整风轮、更换轴承、更换电机即可。

② 风机启动电容失效或变小。将电机插头从主板上拔下，用万用表或电桥电容挡直接测量 C6 容量是否在 1.2μF 左右。如果偏差较大，则更换同容量的电容即可，如果 C6 容量正常，则进行下一步。

③ 过零检测电路异常。用示波器或万用表频率挡测量 IC9 的 13 脚有无 50Hz 左右信号送达。如果没有，则用电阻法、打阻法排查该电路所有元件，找到故障元件更换即可。

④ CPU 驱动电路异常。用干预法逐级判断即可查明原因。

### 3.1.3　遥控接收、数码显示电路

本节包含遥控接收电路、数码显示电路，参考图 3-7 进行解说。

**（1）遥控接收电路原理**

遥控接收电路以接收器 REC201 为核心，配合外围元件组成。

REC201 的 1 脚为接地端。

REC201 的 2 脚为供电端。5V 电压通过限流电阻 R201 →滤波电容 C204、E202 与其连接。

REC201 的 3 脚为信号输出端。通过电阻 R222 → 跳线 JR19 → CN201 的 1 脚→ R44 →图 3-8 中 IC9 的 28 脚。

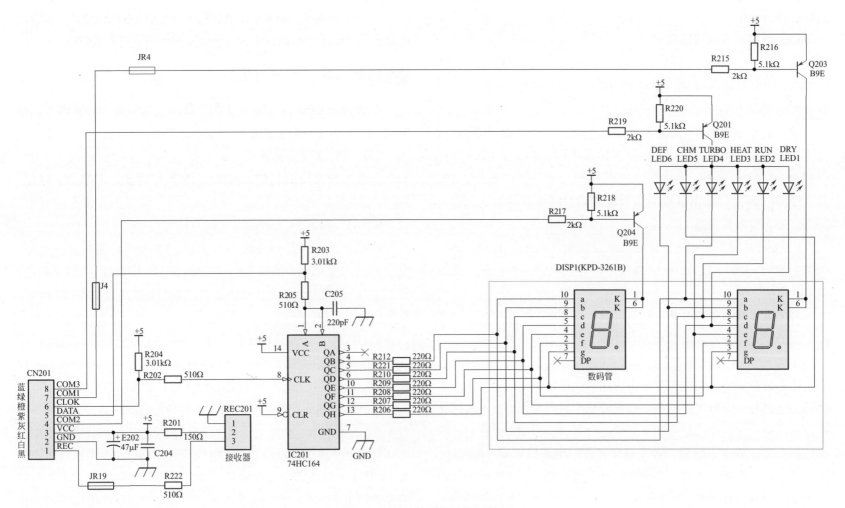

图 3-7 遥控接收、数码显示电路

在实际维修中接收器 REC201 为易损元件，可以用 1838B 通用接收器进行代换。

**（2）数码显示电路原理**

参考图 3-8，IC9 的 21 脚为与显示板译码器 IC201 通信时钟，IC9 的 20 脚为与显示板译码器 IC201 通信数据，通过 CN10 插座与显示板 CN201 插座相连。

参考图 3-8 和图 3-7，当需要显示板数码管或 LED 指示灯点亮时，IC9 的 20 脚输出字形码→ CN10-5 → CN201-5 → R205 →译码器 IC201 的 1、2 脚，经 IC201 内部译码处理后，4、5、6、10、11、12、13 脚并行输出低电平信号，驱动 DISP1 相应的 a、b、c、d、e、f、g 数码管点亮。

IC9 的 26、27、29 脚分别输出组合控制低电平信号，驱动三极管 Q204、Q203、Q201 为 LED 指示灯和数码管分时点亮系统提供工作电压。

**（3）常见故障检修分析**

LED 数码显示电路在实际维修中常见故障有以下两种。

① 显示屏不亮。

检修分析如下。应先排除是否为用户遥控器操作问题，通常遥控器上会设有一个灯光键，按下灯光键显示屏点亮，再按一次灯光键显示屏熄灭。如果按灯光键无效则进行下一步。用一个新的显示板代换原显示板上电试机，如果显示正常，则证明原显示板损坏，故障排除；如果仍然不亮，则证明原显示板正常，故障原因为主板驱动电路问题，进行下一步。

在断电状态，用万用表逐个排查显示驱动电路相关电阻、二极管、三极管，发现异常进行代换。

② 数码管显示屏缺画。

检修分析如下。如果某个数码管不亮，查 Q203、Q204 分时供电电路；如果某半个数码管缺画，查电路板铜箔或更换数码管。

### 3.1.4　CPU 及其他电路

本节包含 CPU 主电路 IC9 及存储器、蜂鸣器、传感器等其他电路，参考图 3-8 进行解说。

**（1）CPU 工作三要素**

空调主板电路控制中心 CPU 正常工作需要三个条件：供电、复位、晶振。

IC9 的 5 脚为 5V 供电端，4 脚为接地端。

IC9 的 31 脚及外围元件 D6、R12、E9 组成低电平复位电路。当空调首次上电时，直流电压 5V 通过电阻 R12 给电容 E9 充电；随着 E9 两端电压的升高，IC9 的 31 脚电压得到延时的 5V 电压，实现低电平复位。

IC9 的 1、2 脚及外围元件 R11、晶振 X1 组成晶振电路。

该电路在实际维修中常见的故障有以下几种。

① 无 5V 供电或 5V 供电电压低引起上电无反应。

检修分析如下。上电状态用万用表直流电压挡测量 IC9 的 5 脚有无 5V 直流供电。如果电压低于 4.5V 或无电压，则证明供电电路有问题或 IC9 内部有短路。无供电应检查供电电路，电压低重点检查 5V 供电滤波电容。如果电容正常，则用断开负载，接入假负载的办法测量 5V 供电是否恢复正常。如果接入假负载电压正常，接入 IC9 后电压下降，则证明 IC9 内部有短路，应更换同型号的 CPU 或主板。

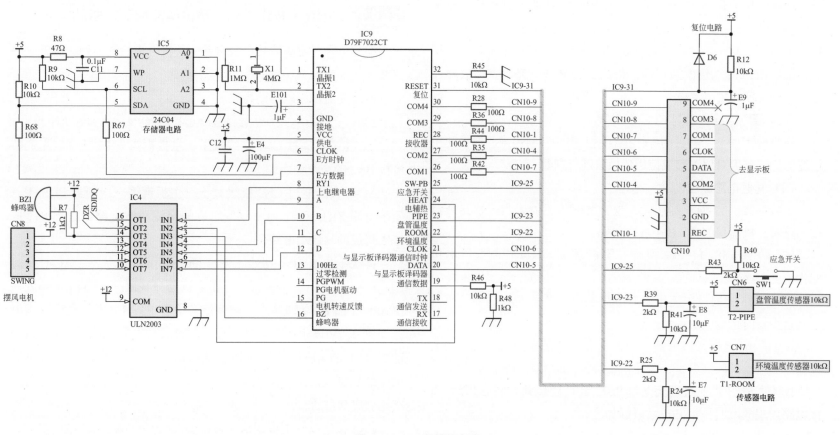

图 3-8　CPU 及其他电路

② 复位电路异常引起 CPU 不工作。

检修分析如下。根据工作原理可知，该电路为低电平复位。在上电状态，用万用表直流电压挡测量 IC9 的 31 脚对地电压，正常时应在 4.9 ~ 5V 之间。如果电压正常，可以使用表笔将 IC9 的 31 脚对地瞬间短接一下（人工复位），看 CPU 是否能正常工作。如果能，证明故障由复位电路引起，检测 E9、R12、D6，查出故障元件，进行代换即可。

③ 晶振电路异常引起 CPU 不工作。

检修分析如下。晶振的好坏很难用万用表判断出来，通常使用示波器检测晶振对地波形或使用代换法进行判断。

**（2）其他电路原理**

IC9 的 22、23 脚外接环境、盘管温度传感器。当传感器开路或短路时，机器报 E60、E61 故障代码。

IC9 的 9、10、11、12 脚通过反相驱动器 IC4 控制摆风电机工作。

IC9 的 25 脚通过限流电阻 R43 外接应急开关 SW1，当开机找不到遥控器时可以应急使用。

IC9 的 16 脚外接蜂鸣器，当首次上电或接收到用户发来的遥控指令时输出瞬间高电平，经反相驱动后，BZ1 鸣叫一声。

IC9 的 6、7 脚通过限流电阻 R67、R68 连接到存储器 IC5，当该电路出现故障时，报 E0 故障代码。

## ▶ 3.2 第三代挂式 BP3 通用拨码板电路

图 3-9 为美的售后专用第三代挂式 BP3 通用拨码板，该主板功能强大，适用于 21 种直流变频压缩机，并集成交流风机驱动、五线直流风机驱动、三线直流风机驱动。

### 3.2.1 交流滤波软启动、整机电流检测、驱动电路

本节包含交流滤波软启动电路、整机电流检测电路、驱动电路三部分，参考图 3-10、图 3-11 进行解说。

**（1）交流滤波软启动电路**

220V 交流市电经外机接线排 AC-L、AC-N，送到外机主板。

AC-N 零线通过 CN1 接线端子→主板铜箔→L2 线圈，送达整流桥 BR2 的交流输入端。

AC-L 火线通过 CN2 接线端子→主板铜箔→熔断器 FUSE1 →压敏电阻 ZR1 → C1、L2、C6 组成的交流滤波电路，送到 PTC1、RY1 组成的软启动电路。

首次上电 RY1 不吸合，触点断开处于等待状态，AC-L 经过 PTC1 → T1 → BR2 整流桥→外置电抗器→ IPMPFC1 的 1 脚输入→ IPMPFC1 的 8、9 脚输出，给大滤波电容 E3、E4 进行充电，当电压充到 260V 以上时，IC101 的 4 脚输出高电平（5V），由反相驱动器 IC10 的 1 脚输入、16 脚输出低电平（0V），外机上电继电器 RY1 的控制线圈上产生 12V 压降，RY1 的触点吸合将 PTC1 短路，实现软启动目的。

CN3 接地线→主板铜箔→防雷击放电管 DSA1 与压敏电阻 ZR2 串联→交流滤波电容 C5、C82。

**（2）整机电流检测电路**

T1 为电流采样变压器，初级线圈串联在整机火线环路中。

图 3-9 三代挂式 BP3 通用拨码板

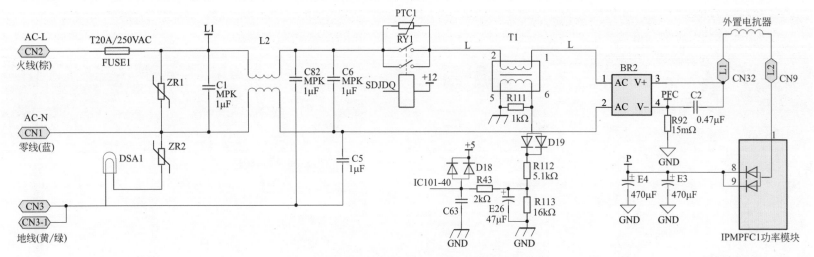

图 3-10  交流滤波软启动、整机电流检测电路

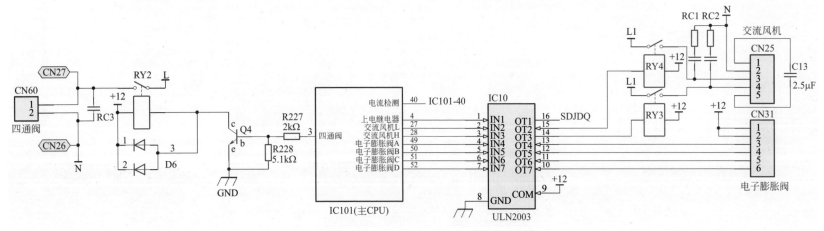

图 3-11  交流风机、四通阀、电子膨胀阀驱动电路

当整机工作时，电流越大，初级线圈上的压降越高，次级线圈产生的电压越高，次级线圈电压经 D19 整流→ R112、R113 分压→ E26 滤波→ R43 限流→ C63 滤波后，送至 IC101 的 40 脚，经内部逻辑运算得出整机电流值。在该电路中，R111 为负载电阻，D18 为钳位二极管。

在实际维修中，R113 开路或变大会引起机器运行时电流偏大，报 P8 故障代码。

**（3）驱动电路**

① 交流风机驱动。IC101 的 27、28 脚为室外交流风机低（L）、高（H）挡控制引脚。以低挡为例，当外风机达到低挡风速启动条件时，IC101 的 27 脚输出 5V 高电平，加到反相驱动器 IC10 的 2 脚，经反相驱动器 IC10 内部处理后，15 脚输出低电平，RY4 继电器线圈产生 12V 压降，RY4 继电器触点吸合，L1 经 RY4 触点送到外风机低挡控制线圈，外风机得电投入工作。

② 电子膨胀阀驱动。IC101 的 49、50、51、52 引脚为电子膨胀阀控制引脚，通过驱动反相驱动器 IC10 的 4、5、6、7 脚→ IC10 的 13、12、11、10 脚，通过 CN31 插头控制电子膨胀阀线圈。

③ 四通阀驱动。当 IC101 收到制热运行指令时，IC101 的 3 脚输出高电平（5V）→限流电阻 R227 → Q4 的基极，Q4 基极与地之间产生 0.7V 压降，Q4 集电极对地导通，继电器 RY2 线圈上产生 12V 压降，继电器 RY2 触点吸合，火线 L 经继电器 RY2 触点送达四通阀线圈。

### 3.2.2 开关电源电路

该机电源管理芯片 IC401 采用 TNY279PN，内部集成振荡、稳

压、电压电流保护等功能，参考图 3-12 进行解说。

**（1）TNY279PN 引脚功能**

1 脚为稳压反馈引脚，外接 C37、稳压控制光耦 IC402 的 4-3 脚。2 脚为次级电压检测引脚，通过 T401 次级线圈→ D402 整流→ E401、C4 滤波→限流电阻 R402，送到 IC401 的 2 脚。当某种原因引起稳压环路失控，IC401 的 2 脚检测到电压高于 17V 时，内部关断开关管，低于 4.9V 时自动恢复。

4 脚内部接开关管的漏极，外部接开关变压器初级线圈和由 D401、C401、R401 组成的 DRC 阻尼削峰电路。阻尼削峰电路又称为尖峰脉冲吸收电路，该电路的目的是吸收尖峰脉冲，保护 IC401 内部开关管，所以在实际维修中遇到上电后不定时烧 IC401 模块的故障时，一定要检查该电路元件，或者直接代换该电路元件，如果仍然无效，则代换开关变压器 T401 即可。5、6、7、8 脚直接接地。

**（2）振荡原理**

外机上电后，320V 左右的直流电压经 T401 初级线圈送到 IC401 的 4 脚，IC401 内部驱动电路得电开始工作，驱动内部开关管工作，T401 的初级线圈不断地储能、释能，耦合给 T401 次级线圈，经整流滤波后供各路负载使用。

**（3）稳压电路**

稳压采样电路由 IC403、R404、R406、R407、R408、C406、R405 组成。当 12V 输出电压升高时，经电阻 R406、R404 分压后送到 IC403 的控制脚 R 端，当 R 脚电压高于 2.5V 时，IC403 的 K-A 导通，IC402 的 1-2 脚产生 1.1V 压降，内部二极管发光，IC402 的 4-3 脚内部导通，控制 IC401 的 1 脚内部驱动脉冲被旁路，内部开

关管截止，输出电压降低。当输出电压低于 12V 时，稳压环路不启控。

**（4）供电产生**

T401 次级线圈电压经 D403 整流→ E402、C408、E406 滤波，产生稳定的 12V 直流供电，供给继电器、反相驱动器等电路使用。

12V 直流供电经 IC406 三端稳压器 7805 稳压→ E405 滤波，产生稳定的 5V 直流供电。

5V 直流供电经 ASM1117-3.3 专用 DC-DC 转换芯片降压→ E16、C116、C30 滤波，产生稳定的 3.3V 供电。

3.3V 直流供电经 ASM1117-1.8 专用 DC-DC 转换芯片降压→ E15、C31 滤波，产生稳定的 1.8V 供电。

T401 次级线圈电压经 D405 整流→ E403、C403 滤波→ IC404（7815）稳压后，再经滤波电容 E404、C404 滤波，输出稳定的 15V 直流供电，供给变频模块和 PFC 电路使用。

在实际维修中常见某路负载短路引起输出电压偏低的情况，根据经验，通常采用打阻法判断问题出在哪路负载，用烧机法查找故障元件。

### 3.2.3　通信电路

本节通信电路包含主芯片（IC101）与驱动芯片（IC9）通信电路和内外机通信电路两部分内容，参考图 3-13、图 3-14 进行解说。

**（1）主芯片与驱动芯片通信电路**

在图 3-13 和图 3-14 中都有 IC9 这个芯片，但它们不是同一个芯片，图 3-14 中的 IC9 为内机主板 CPU 芯片，图 3-13 中的 IC9 为室外机主板驱动芯片。

IC101 与 IC9 数据通信时采用 IC31、IC21 光耦隔离，电路结构简单，当该电路出现故障后，变频检测仪显示 P40 故障代码。

在实际维修中可以采用电阻法直接检测 R134、R169、R121、R105、R106、R107、R110，找到故障元件更换即可，如果电阻正常，再用两块数字万用表同时调到二极管挡配合测量 IC31、IC21 有无异常。如果光耦有问题，则进行更换即可，如果光耦没有问题，则应更换 IC9、IC101。

**（2）内外机通信电路**

① -24V 供电的产生。参考图 3-14，火线 L2 经 D8 整流→分压电阻 R21、R22 降压后，再经 DZ1 稳压二极管稳压→ E6、C18 滤波，产生稳定的 -24V 电压供给内外机通信电路使用。

R24 为负载电阻，断电后对 E6 进行放电。C17、R23 组成 RC 抗干扰电路。

R15、PTC2、R1、R2 为负载分压电阻，用来调节通信数据传输时的电流。

② 外机信号发送流程。根据通信规则，当室外机发送信号时，室内机 CPU 控制信号发送引脚保持输出 5V 高电平，控制室内机发送光耦 IC8 的 4-3 脚饱和导通；内机 CPU 接收引脚处于默认低电平 0（0V）待机状态。

此时，整个通信环路受到室外机发送光耦 IC2 的 3-4 脚的控制。当室外机 CPU（IC101）的 30 脚发送高电平 1（5V）时，经限流电阻 R7 → Q1 的 b-e 结产生 0.7V 压降，Q1 的 c-e 结饱和导通。

5V 供电经限流电阻 R6 →光耦 IC2 的 1-2 脚→ Q1 的 c-e 结对地形成电流回路。IC2 的 1-2 脚产生约 1.1V 压降，内部发光二极管发光，驱动 IC2 3-4 脚饱和导通。

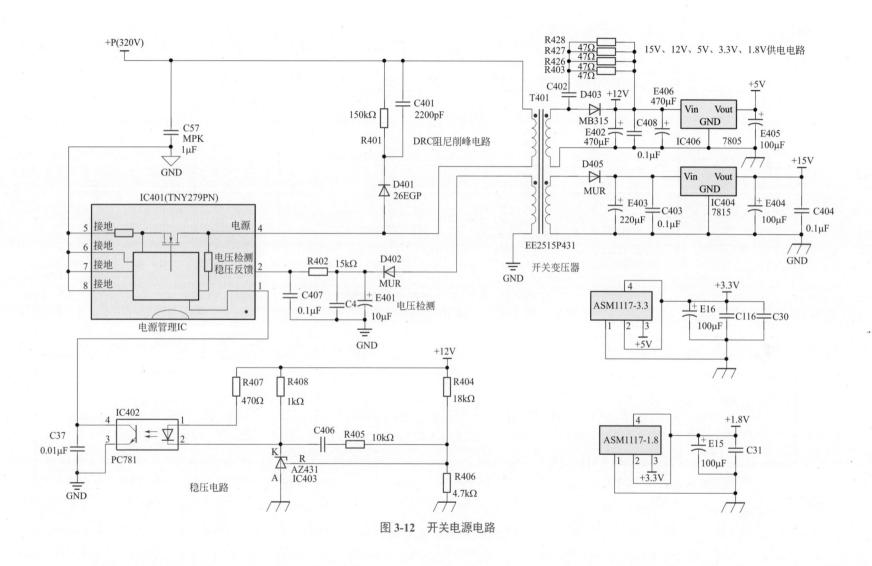

图 3-12 开关电源电路

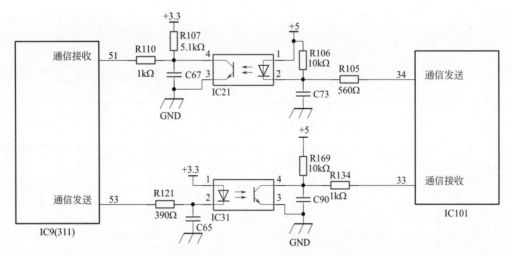

图 3-13　IC9（311）与 IC101 通信电路

注：311 是 IRMKC311 的简称

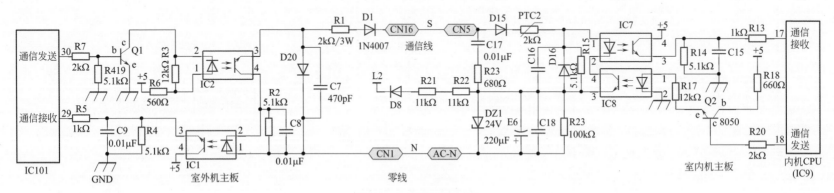

图 3-14　内外机通信电路

此时，整个通信环路打通，室内机接收光耦 IC7 的 1-2 脚产生约 1.1V 的压降，内部发光二极管发光，驱动 IC7 光耦的 4-3 脚饱和导通，内机 CPU 通信接收 17 脚得到高电平 1（5V）。

当室外机 CPU（IC1）发送低电平 0（0V）时，默认通信环路短路断开，室内机 CPU 接收到的为默认值低电平 0（0V）。

### 3.2.4 三线直流风机驱动电路

三线直流风机驱动电路以 IC3 驱动模块 TPD4135K 为核心，结合 CPU 六路驱动和供电电路、转子位置检测电路等构成，参考图 3-15 对其工作原理和检修技巧进行解说。

**（1）驱动模块电路**

直流风机驱动模块 IC3 内部集成放大、保护、6 个 IGBT 等电路，极大简化了外围电路的设计。

IC3 的 4、5、6、7、8、9 脚为六路驱动控制输入引脚，与 CPU（IC9）之间通过限流电阻 R44、R145、R25、R146、R143、R144 连接。

在实际维修中，这 6 个限流电阻任何一个开路或阻值变大都会引起直流风机驱动不足、运行异常，报 E7 故障代码。

IC3 的 15 脚外接 15V 直流供电，为内部上下半桥 IGBT 驱动放大电路提供电压。模块内部具有欠压保护功能，当供电电压低于 11V 时自动关断六路 IGBT 输出，同时控制 11 脚输出电压反转，通知 IC9 报 E7 故障代码。

IC3 的 18、21、24 脚接 U、V、W 上半桥驱动自举升压电路，通过电容器 E29、C119，E30、C120，E31、C121 接到 IC3 的 U、V、W 输出端。当 U、V、W 输出的三相电压升高时，

IC3 的 18、21、24 脚电压也随之升高，保障上半桥内部 IGBT 的 G-S 之间正向偏压永远大于 15V。在实际维修中常见为某个自举升压电容容量失效或短路引起模块内部上半桥功率管 S 极电压大于或等于 G 极电压而反偏截止，引起风机运行异常，报 E7 故障代码。

IC3 的 10 脚作用为电流检测，通过 SD 铜箔接到采样电阻 R140 上端。当该点电压大于 0.5V 时，内部过电流保护电路动作，关闭六路驱动信号，同时 11 脚输出反转信号电压。

IC3 的 11 脚作用为内部检测模块保护输出，正常工作时该引脚输出高电平（3.3V）；当内部检测到模块过电流、高温等异常情况时，输出瞬间低电平（0V），同时切断六路 IGBT 的驱动信号，经 R141 送到 CPU（IC9）的 10 脚。当 IC9 内部多次检测到风机模块保护时，整机停，报 E7 故障代码。

**（2）相电流（转子位置）检测电路**

IC9 的 21、22、23 脚及外围电路组成一个差分放大器。接下来介绍各脚电压的计算方法。

根据差分放大器输出电压计算公式

$$V_{\text{OUT}} = (V_1 - V_2)(R_2/R_1) + V_{\text{CC}}$$

可以推算出待机时 IC9 的 23 脚电压为 0.6V 左右。

根据电阻串联计算公式

$$U_2 = [R_2/(R_1 + R_2)]V_{\text{CC}}$$

可以推算出 IC9 的 22 脚待机电压约为 0.22V。根据放大器虚短理论，正常时 IC9 的 21 脚与 22 脚电压相等，也应约为 0.22V。

在实际维修中，该电路出现问题引起风机不转报 E7 故障代码，用电压法锁定故障范围，用电阻法找到坏件修复即可。

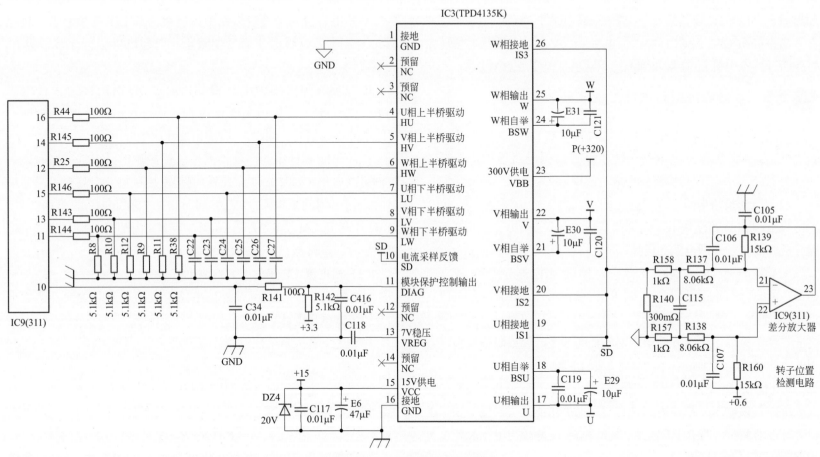

图 3-15　三线直流风机驱动电路

## 3.2.5 PFC 过电流保护检测、交流电压检测、五线直流风机驱动电路

本节包含 PFC 过电流保护检测电路、交流电压检测电路、五线直流电机驱动电路，分别进行解说。

### (1) PFC 过电流保护检测电路

参考图 3-16，该电路由比较器 IC22 的 5、6、7 脚及外围阻容元件组成。运用电阻串联计算公式可以计算出正常待机时 IC22 的 6 脚电压为 7.5V，IC22 的 5 脚电压为 7.72V。

根据比较器的规律，IC22 的 5 脚电压大于 6 脚电压，7 脚电压为高电平（3V），经限流电阻 R84 送至 IC9 的 49 脚。

在 R92 采样电阻上产生的电压（PFC）是一个负压，当整机电流增大时该点电压负压更低。当该点负压低于 -0.2V 时，IC22 的 5 脚电压低于 7.5V，IC22 的 5 脚电压小于 6 脚电压，7 脚输出低电平（0V），经限流电阻 R84 送至 IC9 的 49 脚，整机停机，检测仪报 PF 故障代码。在实际维修中采用电压法即可判定故障元件，更换即可。

### (2) 交流电压检测电路

参考图 3-17，该电路是一个差分放大器，由 IC9 的 33、34、35 脚及外围阻容元件组成。该电路采样电压来自 220V 交流市电，经电阻 R49、R123、R48、R122 降压后送入 IC9 的 33、34 脚，经内部处理后计算出交流电压值，为 PFC 功率因数校正电路提供参考数据。

在实际维修中该电路出现问题检测仪会报电压过低 P10、电压过高 P11 故障代码，用电阻法排查 R49、R48、R123、R122、R14、R124，找到故障元件更换即可。

### (3) 五线直流风机驱动电路

参考图 3-18，五线直流风机将变频电机驱动板安装在电机内部，简化了外部控制电路的设计，通过五根引线与外部电路连接。各路引线功能如下。

CN37 的 1 脚，内部接电机转速反馈电路，通过光耦 IC16、R174 将电机转速信号传递给 IC101 的 31 脚。

CN37 的 2 脚，外接电机转速驱动电路，由 IC101 的 32 脚发出电机转速驱动信号，经限流电阻 R176、Q2、R148、IC26、R197 → CN37 的 2 脚，送到电机内部驱动电路。

CN37 的 3 脚外接 15V 直流供电。

CN37 的 4 脚接地。

CN37 的 5 脚悬空。

CN37 的 6 脚外接 300V 直流供电。

在实际维修中该部分出现故障会报 E7 故障代码，采用电阻法、电压法、打阻法排查该电路所有元件即可。

## 3.2.6 PFC 驱动、PFC 电流检测、变频压缩机驱动电路

该机采用 PFC、压缩机驱动模块二合一集成电路 IPMPFC1，IC9 中集成 PFC 电流检测、压缩机相电流检测运放，使外围电路设计得到极大简化，参考图 3-19 进行解说。

### (1) PFC 驱动电路

当 IC9 检测到 PFC 达到开启条件（厂家工程师设定）时，控制 IC9 的 50 脚输出 PFC 驱动信号，经电阻 R36、R55 限流 → C69 滤

波，送到 IPMPFC1 的 20 脚，经内部驱动放大后控制内部 IGBT 工作，在电抗器上储能释能，实现升压目的。

在实际维修中该电路常见故障有以下两种。

① R36 开路引起 PFC 驱动中断。采用电阻法即可判定故障元件。

② IPMPFC1 内部 IGBT 击穿短路引起 1 脚到 8、9 脚内部连接线烧断→外机无供电，内机或检测仪报 E1 通信故障。采用数字万用表二极管挡直接在路测量 IPMPFC 的 1 脚与 8、9 脚之间的压降值，正常时，正向测量约为 0.3V，反向测量约无穷大。如果实测时正反向测量均是无穷大，则证明内部损坏，需更换 IPMPFC1 模块。值得注意的是，IPMPFC1 分 1501、1502 两种型号，两者不可代换。

**（2）PFC 电流检测电路**

IC9 的 36、37、38 脚及外围阻容元件组成 PFC 电流检测电路，这是一个差分放大器。

在实际维修中，采用电压法、电阻法即可判定故障元件的好坏。压缩机相电流检测电路与该电路类同，可以用同样方法检修。

**（3）变频压缩机驱动电路**

IPMPFC1 的 2、4、6 脚为 W、V、U 自举升压输入引脚。C54、C10、C55、C11、C56、C12 为自举升压电容。

IPMPFC1 的 14、15、16、17、18、19 脚为六路驱动输入引脚，分别通过限流电阻 R17、R19、R21、R18、R20、R22 与 CPU（IC9）的 47、45、43、46、44、42 连接。该电路中任何一个限流电阻开路都会引起驱动不足、压缩机运行电流大，报 P43 故障代码。

IPMPFC1 的 24 脚为内部驱动电路 15V 供电。

IPMPFC1 的 21 脚为模块过电流、高温保护电压输出（FO）引脚，正常运行时默认为 2.6V 高电平，当模块内部检测到故障时输出瞬间低电平，同时关断下半桥驱动信号。该引脚通过限流电阻 R86 连接到 IC9 的 41 脚。

IPMPFC1 的 22 脚为 PFC 硬件保护信号输入引脚。该引脚默认正常输入电压为低电平（<0.5V），通过分压电阻 R53、R50 与 PFC 采样电阻相连。当 IPMPFC1 的 22 脚检测到输入电压 >0.5V 时，关断内部 PFC 驱动信号。

IPMPFC1 的 23 脚为 IPM 功率模块硬件保护输入引脚，该机未采用。

### 3.2.7 直流电机驱动芯片电路

IRMKC311 是一块双直流电机专用驱动芯片，内部集成直流母线电压检测、交流电压检测、PFC 驱动、PFC 电流检测、双直流电机相电流检测等电路，配上简单的外设电路和压缩机、电机数据即可实现驱动控制，极大简化了电路设计和开发周期。参考图 3-20 对其主要功能进行解说。

**（1）CPU 工作三要素电路**

① 供电。IC9 内部采用多个模块，所以供电有多路，包含 1.8V、3.3V 两种。IC9 的 7、19、25、63 脚为 1.8V 直流供电，IC9 的 9、40 脚为 3.3V 供电。

② 复位。IC9 的 62 脚为复位输入引脚，根据外围复位电路结构分析，该电路为低电平复位输入。

③ 晶振。IC9 的 1、2 脚为晶振输入引脚，外接 R70、OSC1、C35、C37 组成晶振电路。

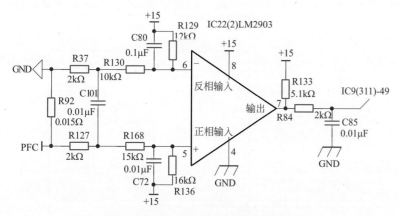

图 3-16　PFC 过电流保护检测电路

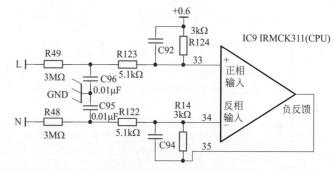

图 3-17　交流电压检测电路

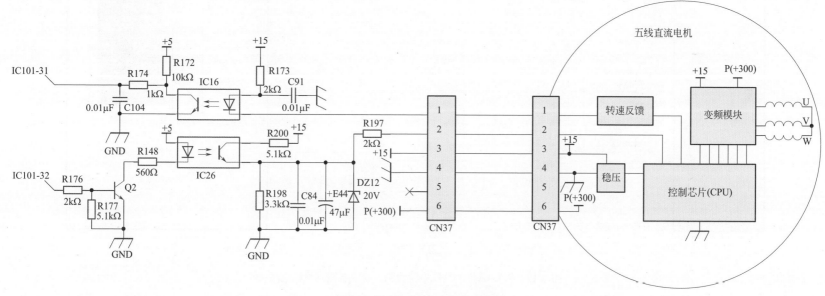

图 3-18　五线直流风机驱动电路

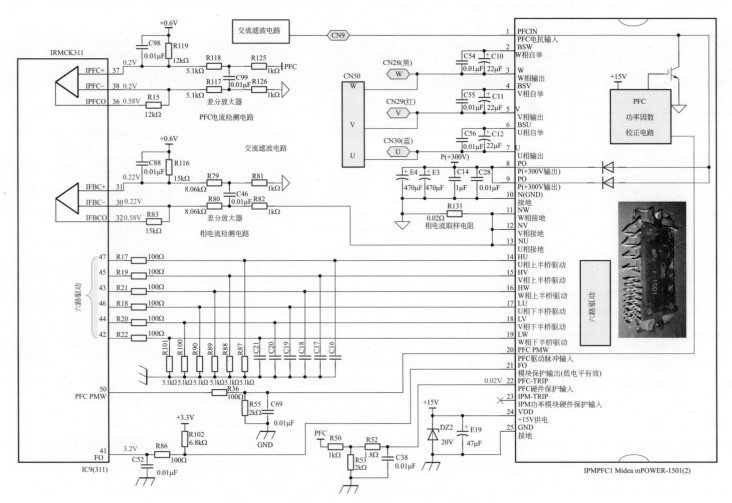

图 3-19 PFC 驱动、PFC 电流检测、变频压缩机驱动电路

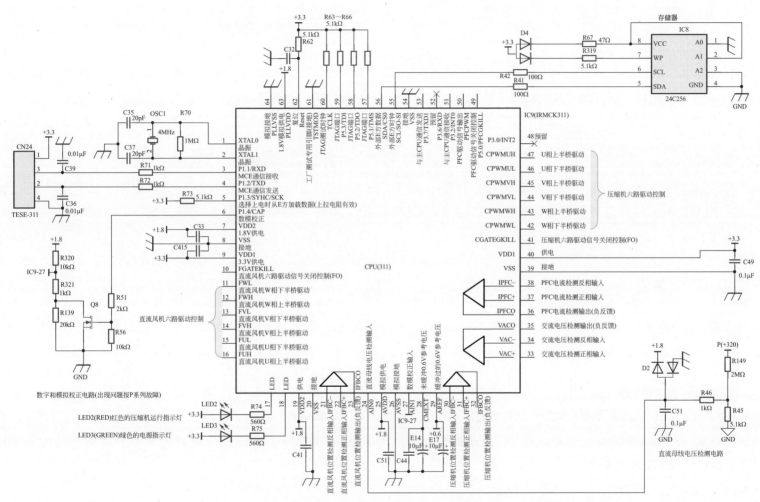

图 3-20　直流电机驱动芯片（311）电路

**(2) 存储器电路**

IC9 的 55、56 脚通过限流电阻 R42、R41 连接到存储器 IC8 的 6、5 脚。

在实际维修中该电路出现故障会报故障代码 E51。检修时，先用电阻法排查 R42、R41、R67、R319、D4 有无异常。如果有，则更换即可。如果都正常，则代换或重新烧写 IC8 进行测试。如果更换 IC8 后仍然报 E51 故障，则判定为 IC9 内部损坏，更换 IC9 即可。

**(3) 测试烧写电路**

IC9 的 3、4 脚外接 CN24 插座，可以通过 TTL 转接小板与电脑连接，用专用测试软件进行程序烧写。更换 CPU 后，需要用专用仿真驱动工具连接电脑，通过该电路在路烧写原厂程序后方可使用。

**(4) LED 指示灯电路**

IC9 的 17 脚外接限流电阻 R74 控制红色发光二极管 LED2 工作，该灯点亮证明压缩机在运行中。

IC9 的 18 脚外接限流电阻 R75 控制绿色发光二极管 LED3 工作。

**(5) 直流母线电压检测电路**

IC9 的 24 脚外接电阻 R46、R45、R149 与母线电压 P（+320V）组成直流母线电压检测电路。D2 为钳位二极管，防止 R45 阻值变大或开路后高电压进入 IC9 的 24 脚。

### 3.2.8 IC101 主 CPU 电路及其连接电路

本节介绍 IC101 主 CPU 电路及其连接电路，包括传感器电路、换气电机控制电路、拨码开关电路、LED 指示灯电路、检测小板电路等，参考图 3-21 进行解说。

**(1) CPU 工作三要素**

① 供电。IC101 的 13 脚为芯片 5V 供电。

② 复位。IC101 的 5 脚为低电平复位输入引脚，通过外接专用复位芯片 IC17 实现。

③ 晶振。IC101 的 9、10 脚为晶振输入引脚，通过外接 R159、X1 晶体实现。

**(2) 传感器电路**

IC101 的 41、42、43 脚通过分压电阻 R26、R27，R28、R29、R30、R31 →插排 CN25，分三路连接到环境（10kΩ）、盘管（10kΩ）、排气（50kΩ）温度传感器上。当 CPU 检测到传感器开路或短路时控制整机停机，报 E53、E52、E54 故障代码。

**(3) 换气电机控制电路**

IC101 的 6、7 脚通过外围元件组成换气电机控制电路。

**(4) 拨码开关电路**

IC101 的 19、20、21、22 脚外接拨码开关 SW2。通过设置 SW2 开关的不同组合可以实现 IC101 → IC9 控制调取 21 种压缩机不同运行数据的匹配。

IC101 的 23、24 脚外接拨码开关 SW1。通过设置 SW1 开关可以实现外机能效及机型的匹配，具体详见壳体侧面说明书。

**(5) LED 指示灯电路**

IC101 的 35 脚外接限流电阻 R16 控制黄色发光二极管 LED1 工作。

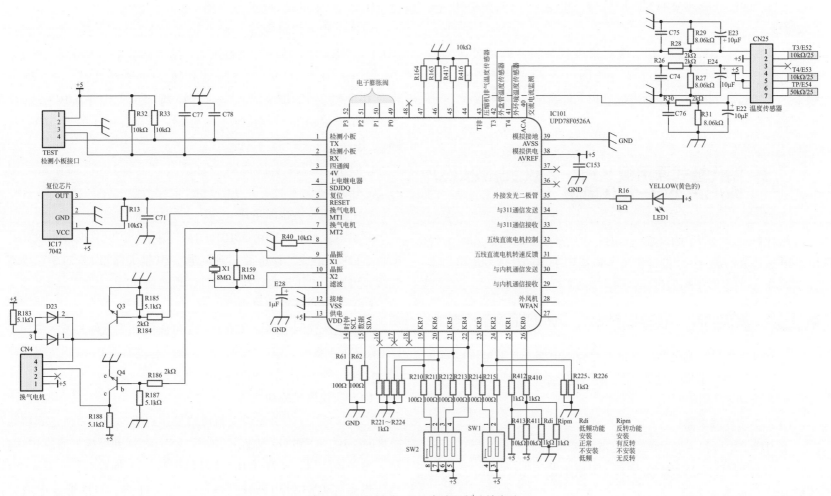

图 3-21　IC101 主 CPU 电路及其连接电路

**（6）检测小板电路**

IC101 的 1、2 脚外接 TEST 插座。TEST 插座的 1 脚接 5V 供电，2 脚接地。

在实际维修中，售后专用检测仪小板接口 4 脚通过连接线连接到 TEST 插座上，通过检测仪即可查看或监控外机运行状态及数据，当机器报故障时，可以准确地在检测仪上显示出来。

## 3.3 四代挂式通用板 KFR-23（26/32/35）W/BP2N8-180 电路

四代挂式通用板 KFR-23（26/32/35）W/BP2N8-180 采用无源 PFC 单芯片 RX24T CPU 设计，该主板适用于美的挂式交流风机系列变频机器，图 3-22 为四代挂式通用板实物。

### 3.3.1 交流滤波、电压电流检测、风机四通阀驱动电路

本节包含交流滤波电路、整机电流检测电路、母线电压检测电路、交流风机驱动电路、四通阀驱动电路、主继电器控制电路等，参考图 3-23 进行解说。

**（1）交流滤波电路**

室内机上电开机后，220V 交流市电送到外机主板。

N-IN 零线通过 CN2 接线端子→主板铜箔→L1 线圈，送达整流桥 BR1 的交流输入端。

L-IN 火线通过 CN1 接线端子→主板铜箔→熔断器 FUSE1 →压敏电阻 ZR5，再经 C1、L1、C9 组成的交流滤波电路滤波后，送到由 PTC1、RY1 组成的软启动电路。

首次上电 RY1 不吸合，触点断开，处于等待状态，L-IN 经过 PTC1 → BR1 整流桥→外置电抗器，给大滤波电容 E1、E2 进行充电，当电压充到 260V 以上时，IC101F 的 96 脚输出高电平（5V），由反相驱动器 IC105 的 1 脚输入，16 脚输出低电平（0V），外机上电继电器 RY1 的控制线圈上产生 12V 压降，RY1 的触点吸合将 PTC1 短路，实现软启动目的。

CN3 接地线经主板铜箔→防雷击放电管 DSA1 与压敏电阻 ZR2、ZE5 串联，C2、C3 为滤波抗干扰电容。

**（2）整机电流检测电路**

整机电流检测电路由 IC101G 的 87 脚及外围元件 R310、R309、R206、C320 组成。该电路出现问题会引起机器报 P8、L3 等故障代码，可以用电压法判定故障元件，再更换即可。

**（3）母线电压检测电路**

母线电压检测电路由 IC101G 的 89 脚及外围元件 R191、R192、D104、C131 组成。该电路出现问题会引起机器报 P1 故障代码，可以用电压法判定故障元件，再更换即可。

**（4）交流风机驱动电路**

IC101F 的 99 脚为室外交流风机控制引脚。当外风机达到启动条件时，IC101F 的 99 脚输出高电平（5V），加到反相驱动器 IC105 的 6 脚，经反相驱动器 IC105 内部处理后，11 脚输出低电平。12V 直流供电经 RY3 继电器线圈→ IC105 的 11 脚，对地形成电流回路；RY3 继电器触点吸合，L2 → RY3 触点，外风机线圈得电投入工作。

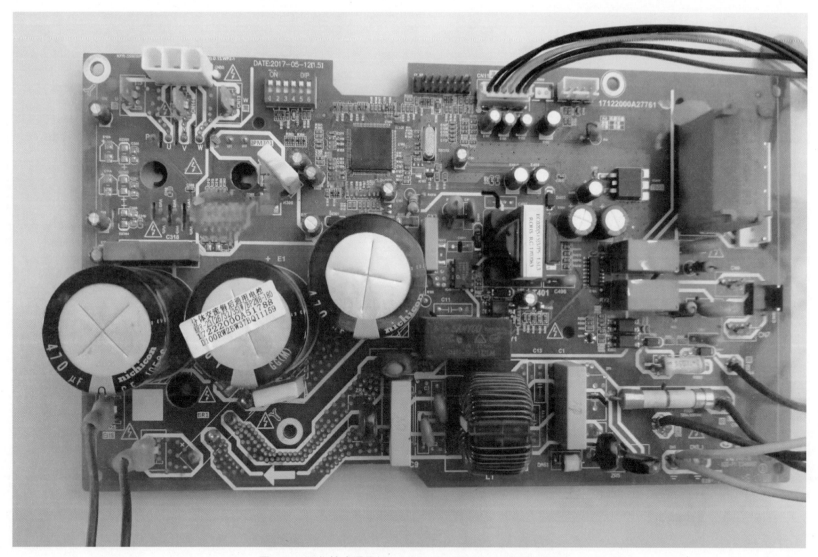

图 3-22　四代挂式通用板 KFR-23（26/32/35）W/BP2N8-180

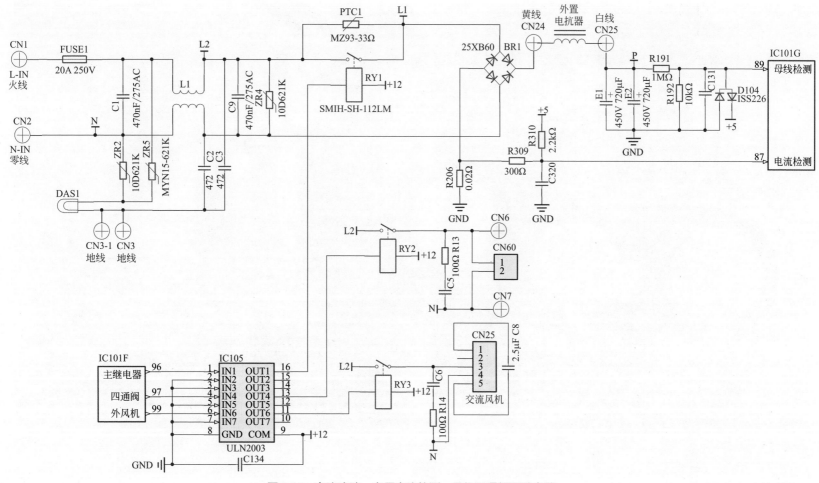

图 3-23 交流滤波、电压电流检测、风机四通阀驱动电路

**（5）四通阀驱动电路**

当外机 CPU 接收到制热运行指令后，IC101F 的 97 脚输出高电平（5V），送到反相驱动器 IC105 的 4 脚，经 IC105 内部处理后，13 脚输出低电平（0V），RY2 线圈上产生 12V 压降，RY2 继电器触点吸合，L2 通过 RY2 继电器触点加到四通阀线圈上。

### 3.3.2　开关电源电路

本节电源管理芯片 IC491 采用 SC1128PG。对比图 3-24 开关电源电路与图 3-12 开关电源电路，发现其相似度很高，为了避免重复，本节着重从检修技巧上进行解说。

**（1）开机或运行一段时间烧电源管理 IC 芯片故障原因分析**

根据原理和经验分析，引起开机或运行一段时间烧电源管理 IC 的原因有以下几点。

① 由 DRC 阻尼削峰电路 C491、R491、D491 元件异常引起。该电路元件的性能问题造成阻尼削峰功能失效，IC491 内部开关管耐压值为 600V 左右，当开机瞬间或运行中有高于 600V 的尖峰脉冲电压到达开关管漏极时，电源管理 IC 内部烧毁。

在实际维修中，由于元件损耗、漏电等不稳定因素影响，怀疑该电路元件有问题，建议采用代换法直接更换新元件后试机。

② 由开关变压器 T401 初级线圈匝间短路引起。通常电源管理 IC 内部开关管驱动脉冲为定频 60～130kHz，在设计开关变压器初级线圈时，会充分考虑所采用的电源管理 IC 内部开关管驱动脉冲频率。

假设电源管理 IC 的开关频率为 60kHz，开关变压器初级线圈为 50 匝，在这种比例的情况下，开关管导通期间，开关变压器初

级线圈储能容量仅仅达到 60% 左右，开关管工作稳定。开关变压器初级线圈一旦匝间短路，由原来的 50 匝变为只有 20 匝，开关管仍按 60kHz 频率开关工作，当开关管导通期间，开关变压器初级线圈上的储能出现溢出现象时，开关管击穿短路。

在实际维修中，若怀疑开关变压器初级线圈匝间短路，可以使用电桥在路检测观察其 $D$ 值，若其小于 0.2 即可正常使用。

**（2）开关电源负载短路引起 E1 通信故障原因分析**

在实际维修中，报 E1 通信故障的原因有很多，本节重点探讨由开关电源负载短路引起的 E1 通信故障及排除方法，根据经验和原理分析，引起负载短路的原因有以下几种。

① +5V 负载短路。用打阻法可以快速判断哪路负载有短路，确定故障部位后用烧机法即可快速找到故障元件。

② 稳压环路失控引起负载短路。根据经验，在修复负载短路故障后应该用电阻法、打阻法排查稳压环路。如果用电阻法测量稳压采样电阻 R496、R497、R498，受到在路影响无法精确判断，则可以采用外加直流可调供电的方式，直接给稳压采样电路供电，供电后用电压法测量 R497 两端电压是否正常。正常时应约为 2.44V，当可调电源调到 12.4V 时，电压变为 2.52V，IC492 的 4-3 脚导通，证明稳压环路正常。

### 3.3.3　传感器及内外机通信电路

本节包含传感器电路及内外机通信电路，参考图 3-25 进行解说。

**（1）传感器电路**

IC101 的 74 脚及外围元件 C125、R168、R169、E106 通过插头 CN11 的 5、6 脚外接环境温度传感器。

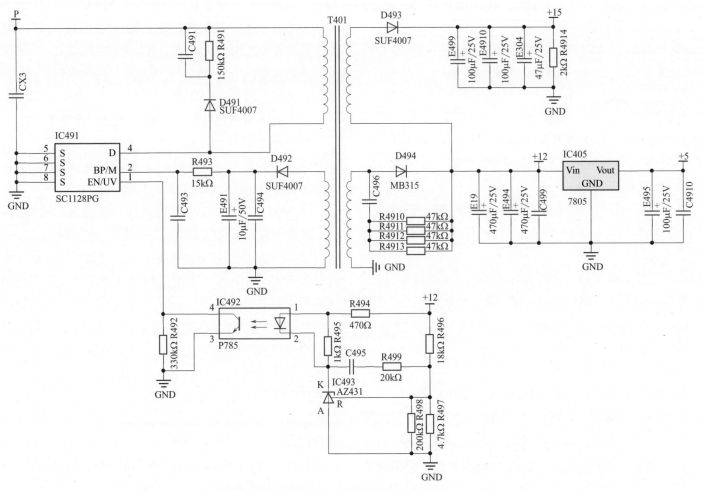

图 3-24　开关电源电路

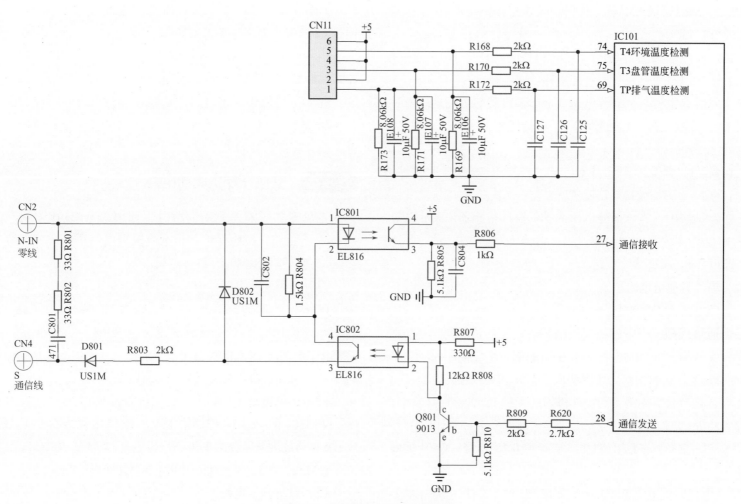

图 3-25　传感器及内外机通信电路

在实际维修中，当该部分电路或环境温度传感器出现故障时，内机报 E5、检测仪报 E52 故障代码。将传感器插头拔下，用电阻法排查即可找到故障元件。

IC101 的 75 脚及外围元件 C126、R170、R171、E107 通过插头 CN11 的 3、4 脚外接盘管温度传感器。

在实际维修中，当该部分电路或盘管温度传感器出现故障时，内机报 E5、检测仪报 E53 故障代码。将传感器插头拔下，用电阻法排查即可找到故障元件。

IC101 的 69 脚及外围元件 C127、R172、R173、E108 通过插头 CN11 的 1、2 脚外接排气温度传感器。

在实际维修中，当该部分电路或排气温度传感器出现故障时，内机报 E5、检测仪报 E54 故障代码。将传感器插头拔下，用电阻法排查即可找到故障元件。

**（2）内外机通信电路**

该通信电路 -24V 供电由内机产生。

根据通信规则，当室外机发送信号时，室内机 CPU 控制信号发送引脚保持输出 5V 高电平，控制室内机发送光耦的 4-3 脚饱和导通，内机 CPU 接收引脚处于默认低电平 0（0V）待机状态。

此时，整个通信环路受到室外机发送光耦 IC802 的 4-3 脚的控制。当室外机 CPU（IC101）的 28 脚发送高电平 1（5V）时，经限流电阻 R620、R809 → Q801 的 b-e 结产生 0.7V 压降，Q801 的 c-e 结饱和导通。

5V 供电经限流电阻 R807 → 光耦 IC802 的 1-2 脚 → Q801 的 c-e 结，对地形成电流回路。IC802 的 1-2 脚产生约 1.1V 压降，内部发光管发光，驱动 4-3 脚饱和导通。

此时，整个通信环路打通，室内机接收光耦的 1-2 脚产生约 1.1V 的压降，内部发光二极管发光，驱动光耦的 3-4 脚饱和导通，内机 CPU 接收到高电平 1（5V）。

当室外机 CPU（IC101）发送低电平 0（0V）时，默认通信环路短路断开，室内机 CPU 接收到的为默认值低电平 0（0V）。

在实际维修中，该电路任何收发环路出现问题都会使内机报 E1 通信故障，可以采用电阻法、电压法、打阻法综合排查每个元件，找到坏件修复即可。

### 3.3.4 变频压缩机驱动电路

直流变频压缩机驱动电路以驱动模块 IPM301 为核心，结合 CPU 六路驱动、模块保护、相电流检测电路等构成，参考图 3-26 对其工作原理和检修技巧进行解说。

**（1）六路驱动电路**

IPM301 的 8、9、10、13、14、15 脚为六路驱动控制输入引脚，与 CPU（IC101C）之间通过限流排阻 R303、R304 连接。在实际维修中，这两个限流排阻中任何一个开路或阻值变大都会引起压缩机驱动不足、运行异常，报 P4 故障代码。

**（2）供电电路**

IPM301 的 11、16 脚外接 15V 直流供电，为内部上、下半桥 IGBT 驱动放大电路提供电压。

IPM301 的 27 脚为直流母线电压 320V 供电输入。

**（3）自举升压电路**

IPM301 的 2、3、4、5、6、7 脚接 U、V、W 上半桥驱动自举升压电路。电容器 E10、C310、E11、C308、E12、C306 为自举升

压电容。在实际维修中常见为某个自举升压电容容量失效或短路引起模块内部上半桥功率管 S 极电压大于或等于 G 极电压而反偏截止，压缩机运行异常，报 P4 故障代码。

**（4）电流检测硬件保护电路**

IPM301 的 18 脚为电流检测硬件保护输入，通过 R305 直接接到采样电阻 R306 上端，当该点电压大于 0.5V 时，内部过电流保护电路动作，关闭六路驱动信号，同时 17 脚输出反转信号电压。

**（5）模块保护电路**

IPM301 的 17 脚为内部检测模块保护输出，正常工作时该引脚输出高电平（3.3V）。当内部检测到模块过电流、高温等异常情况时输出瞬间低电平（0V），同时切断六路 IGBT 的驱动信号，经 R301 送到 CPU（IC101C）的 57 脚。当 IC101 内部多次检测到压缩机模块保护时，整机停，报 P4 故障代码。

**（6）模块温度检测电路**

IPM301 的 20 脚内接模块温度传感器，与外围元件 R175、E109、R176、C107 组成模块温度检测电路，送到 IC101C 的 70 脚。

**（7）相电流检测电路**

压缩机相电流检测电路由 IC101C 的 91 脚内部集成运算放大器和外围元件 C319、R308、R307、R306 组成。

在实际维修中，当该电路元件出现问题后，内机报 P4、检测仪报 P41 故障代码，采用电压法即可判定故障元件。

### 3.3.5　CPU 及其他电路

本节包含 IC101（CPU）主电路、RDI 电路、检测小板电路、拨码开关电路、LED 指示灯电路等，参考图 3-27 进行解说。

**（1）CPU 工作三要素**

① 供电。IC101 的 5、14、29、42、60、71、72、92、93 脚为芯片 5V 供电。

② 复位。IC101 的 10 脚为低电平复位输入引脚，通过外接元件 C102、R107 实现。

③ 晶振。IC101 的 11、13 脚为晶振输入引脚，通过外接元件 R108、OSC101、C105、C106 实现。

在实际维修中判断晶振是否正常的方法有以下几种。

电压法：用万用表电压挡分别测量晶振两端对地电压，若电压差为 0.2V，则初步判断晶振正常。

频率法：用万用表频率挡测试 OSC101 两端对地频率，观察其是否与标称频率一致即可判断该电路是否正常。

示波法：用示波器直接检测 OSC101 两端对地波形，观察其是否与标称频率一致即可判断该电路是否正常。

代换法：如果检测晶振电路不启振，则可以采用代换法更换一个同型号晶振进行试机。

**（2）RDI 电路**

IC101 的 17 脚及外围元件 R113、RDI、R112 组成 RDI 电路。RDI 电阻开路或不安装会使机器低频运行，安装或修复后运行正常。

**（3）检测小板电路**

IC101 的 30、32 脚通过外围元件 C112、C113、R135、R136、R138、R137、+5V、GND、CN12 组成检测小板通信电路。

在实际维修中，售后专用检测仪小板接口通过 4 线连接线连接到 CN12 插座上，通过检测仪即可查看或监控外机运行状态及数据，当机器报故障时，可以准确地在检测仪上显示出来。

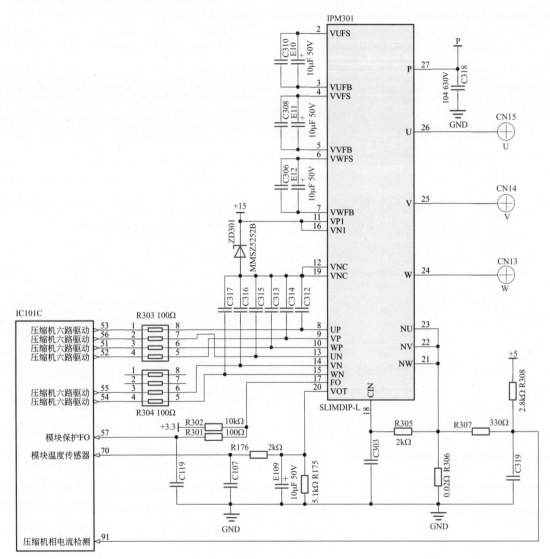

图 3-26　变频压缩机驱动电路

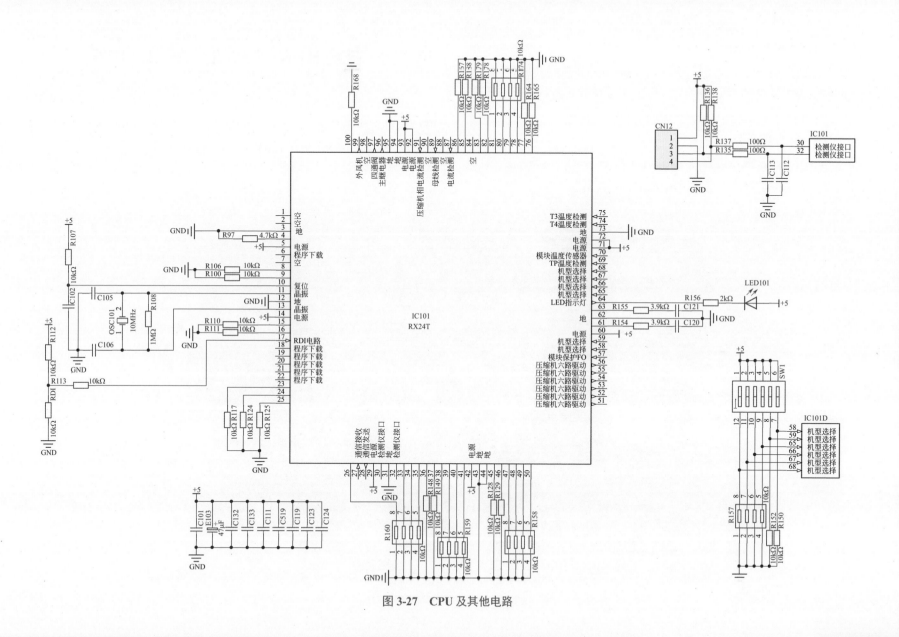

图 3-27　CPU 及其他电路

## （4）拨码开关电路

IC101D 的 58、59、65、66、67、68 脚外接拨码开关 SW1。通过设置 SW1 开关的不同组合可以实现多种压缩机运行数据及能效、型号的匹配，具体操作详见壳体侧面说明书。

## （5）LED 指示灯电路

IC101 的 64 脚外接限流电阻 R156 控制发光二极管 LED101 工作。IC101 的 64 脚输出低电平时 LED101 点亮。

## 3.4  挂式 KFR-26W/BP2-185 电路

图 3-28 为挂式 KFR-26W/BP2-185 实物主板。该主板采用无源 PFC 设计，电源管理 IC 采用 TNY267PN，变频模块采用 STK621-033N，CPU 采用 MDY01（结构小巧，48 脚设计）。

图 3-28  挂式 KFR-26W/BP2-185

### 3.4.1 交流滤波、外风机、四通阀、主继电器电路

图 3-29 为交流滤波、外风机、四通阀、主继电器电路。

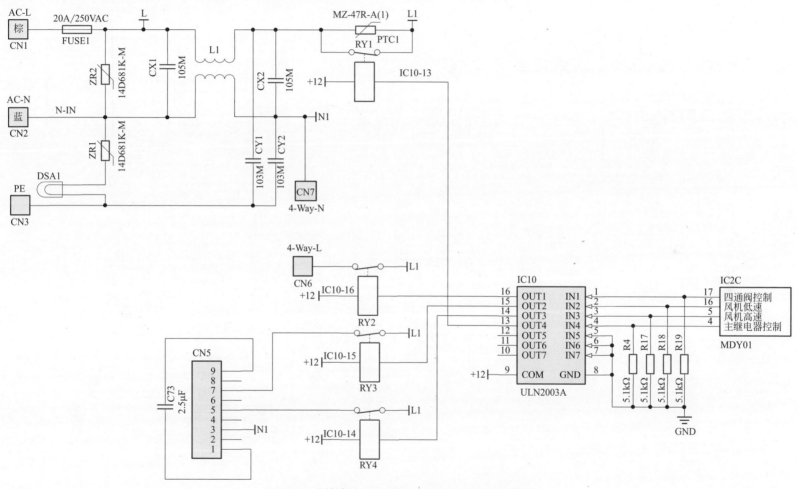

图 3-29　交流滤波、外风机、四通阀、主继电器电路

# 3.4.2 电流检测、电压检测、开关电源电路

图 3-30 为电流检测、电压检测、开关电源电路。

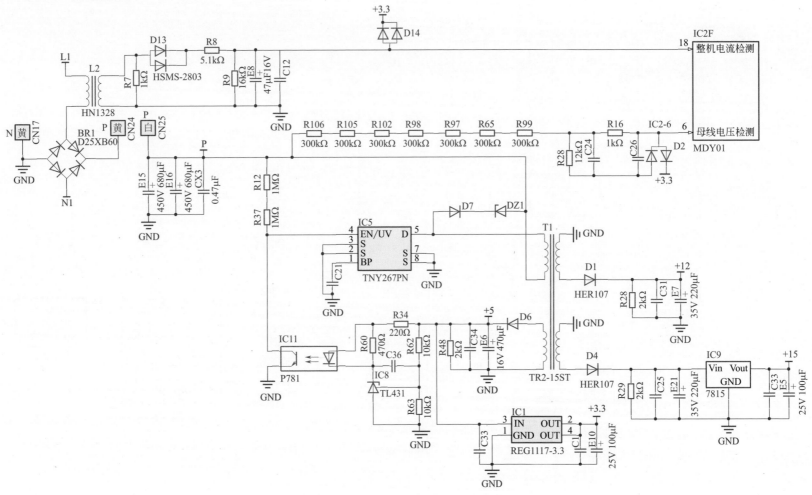

图 3-30 电流检测、电压检测、开关电源电路

116 全彩图解变频空调电路

### 3.4.3 通信、程序烧写、调试电路

图 3-31 为通信、程序烧写、调试电路。

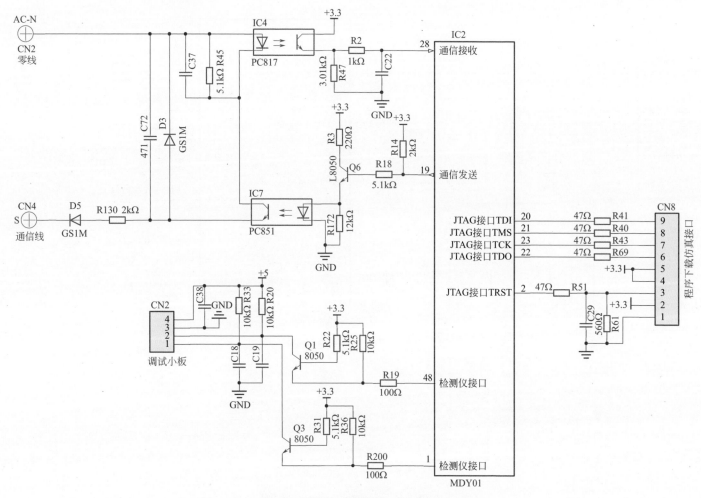

图 3-31　通信、程序烧写、调试电路

## 3.4.4 变频压缩机驱动电路

图 3-32 为变频压缩机驱动电路。

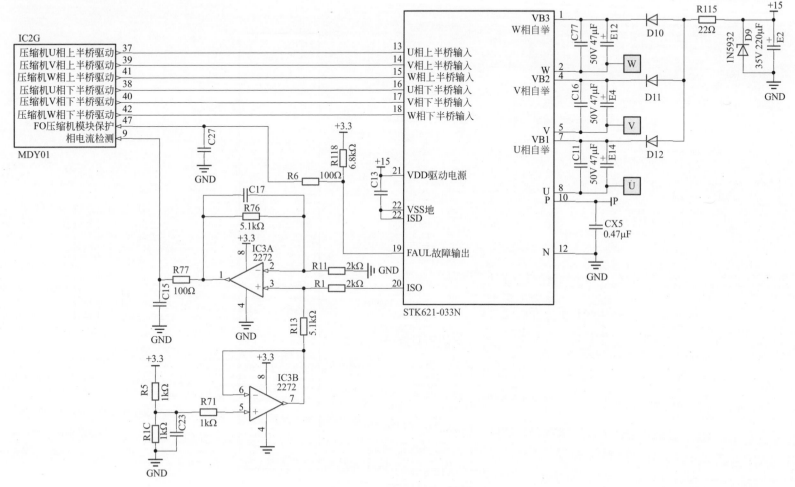

图 3-32 变频压缩机驱动电路

## 3.4.5 CPU 及其他电路

图 3-33 为 CPU 及其他电路。

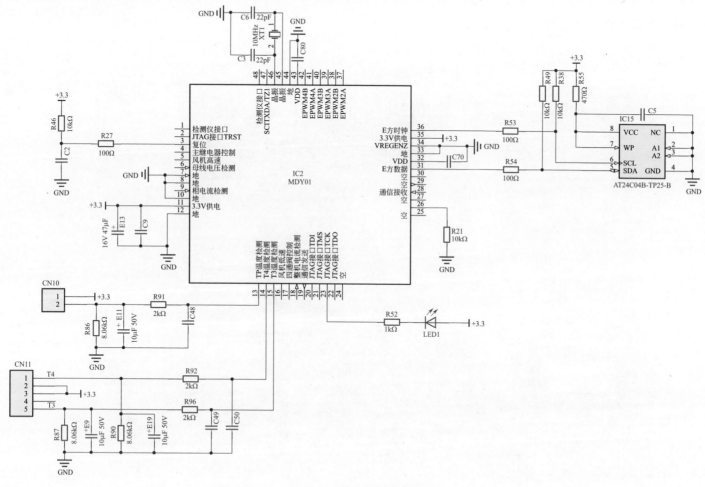

图 3-33　CPU 及其他电路

## 3.5 挂式 KFR-35W/BP3N1 电路

挂式 KFR-35W/BP3N1 是一款全直流变频外机主板，主芯片采用 RX62T，变频压缩机驱动模块采用 FNA41560，直流风机模块采用 TPD4135K。图 3-34 为主板实物。

图 3-34　挂式 KFR-35W/BP3N1 电路板

## 3.5.1 交流滤波软启动、四通阀控制、电子膨胀阀控制电路

图 3-35 为交流滤波软启动、四通阀控制、电子膨胀阀控制电路。

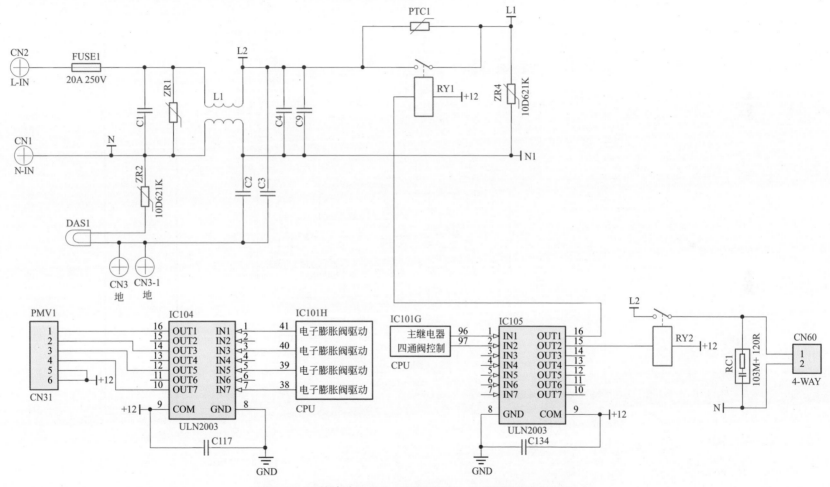

图 3-35 交流滤波软启动、四通阀控制、电子膨胀阀控制电路

图 3-36 为 PFC 功率因数校正电路。

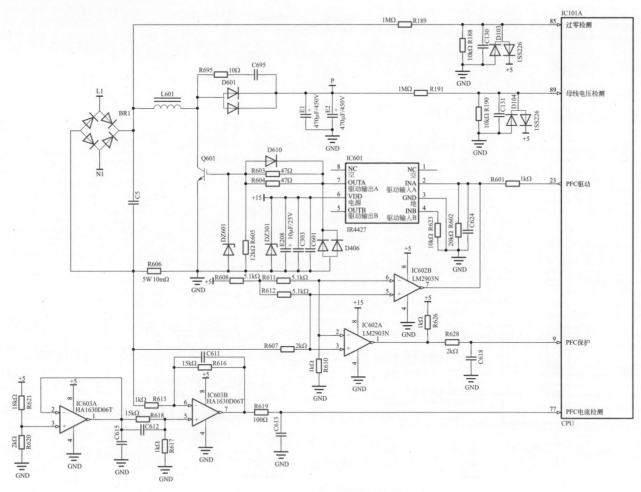

图 3-36 PFC 功率因数校正电路

### 3.5.3 开关电源电路

图 3-37 为开关电源电路。

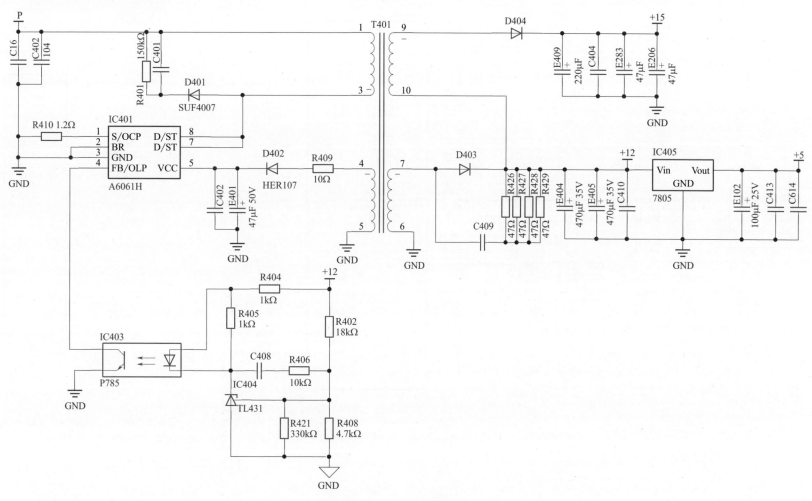

图 3-37　开关电源电路

## 3.5.4 变频压缩机驱动电路

图 3-38 为变频压缩机驱动电路。

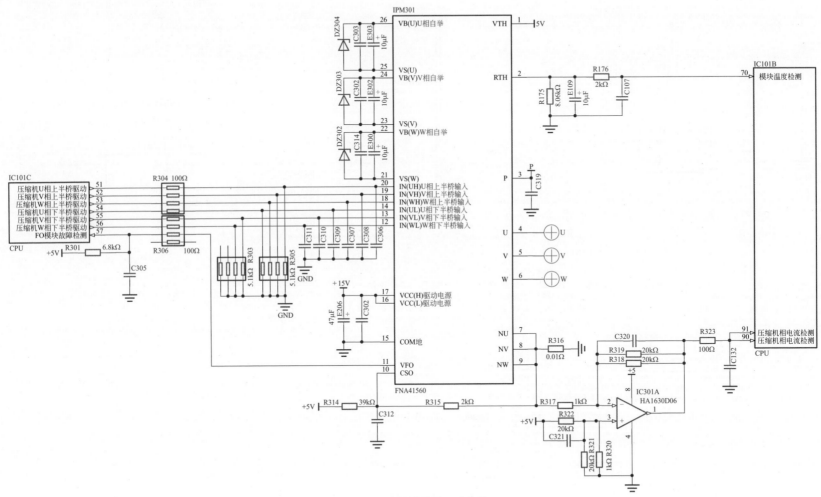

图 3-38 变频压缩机驱动电路

## 3.5.5 外机通信电路

图 3-39 为外机通信电路。

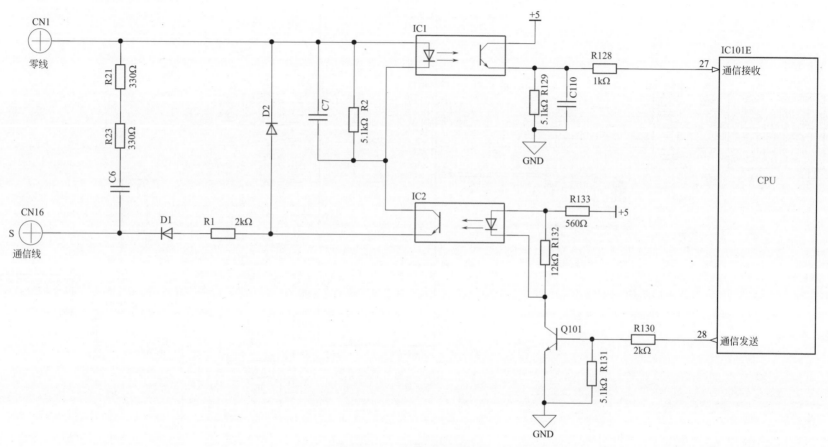

图 3-39 外机通信电路

## 3.5.6 直流风机驱动电路

图3-40为直流风机驱动电路。

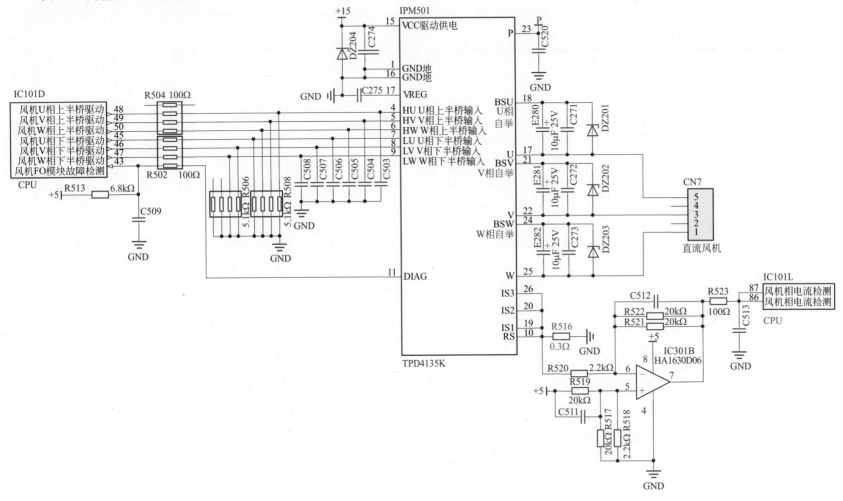

图 3-40 直流风机驱动电路

## 3.5.7 CPU 及其他电路

图 3-41 为 CPU 及其他电路。

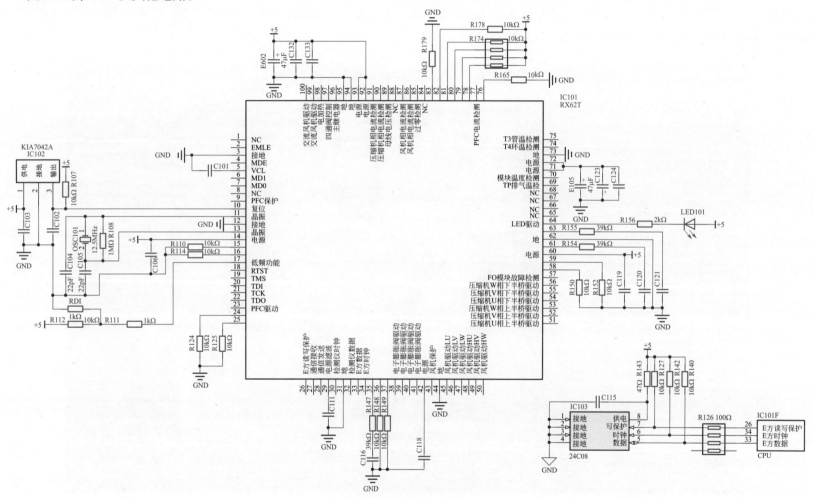

图 3-41 CPU 及其他电路

# 3.6 柜式 51 通用拨码板电路

柜式 51 通用拨码板采用经典双 CPU 设计，功能强大、性能稳定，适用于交流风机型、五线直流风机型、三线直流风机型，电路设计具有一定的代表性。图 3-42 为主板实物。

图 3-42　柜式 51 通用拨码板

### 3.6.1 交流滤波、PFC 驱动、PFC 过电流保护电路

本节包含交流滤波电路、PFC 驱动电路、PFC 过电流保护电路，参考图 3-43 进行解说。

**（1）交流滤波电路**

220V 交流市电经外机接线排 AC-L、AC-N →送到外机主板。

AC-N 零线通过 CN7 接线端子→主板铜箔→L1 线圈，送达整流桥 BD1 的交流输入端。

AC-L 火线通过 CN8 接线端子→主板铜箔→熔断器 FUSE1 →压敏电阻法 ZR1，再经 C1、L1、C6 组成的交流滤波电路，送到由 PTC1、RY1 组成的软启动电路，首次上电 RY1 不吸合，触点断开处于等待状态。AC-L 经过 PTC1 → BD1 整流桥→ CN12 →电抗器 L → CN13 → D5，给大滤波电容 E3、E4 进行充电；当电压充到260V 以上时，图 3-47 中 IC101 的 2 脚输出高电平（5V），由反相驱动器 IC14 的 4 脚输入，13 脚输出低电平（0V），外机上电继电器 RY1 的控制线圈上产生 12V 压降，RY1 的触点吸合将 PTC1 短路，实现软启动目的。

CN3 接地线→主板铜箔→防雷击放电管 DSA1，与压敏电阻 ZR2、ZR3 串联，C3、C5 为交流滤波电容。

**（2）PFC 驱动电路**

当变频压缩机运行到中高频时，随着压缩机电流的增加，直流母线电压开始降低，当降到一定值时，达到 PFC 启动阈值。

IC9 的 50 脚输出 0 ～ 3.3V、几十千赫兹的 PWM 开关信号，经限流电阻 R36 送到 PFC 专用放大器 IC4 的 2、4 脚，经 IC4 内部放大后由 7、5 脚输出，再经限流电阻 R39、R35 送到 IGBT1 的栅极，使 IGBT1 工作在 CPU 的驱动频率下。

在该电路中，电阻 R34 为放电电阻，保证 IGBT1 在截止期间控制极上的电荷迅速泄放掉。D26 为一个 20V 稳压二极管，在该处起保护作用，防止 IGBT1 的 C-G 击穿后高电压损坏后级电路。

当 IGBT1 导通时，外置电抗器上开始存储电能，当 IGBT1 截止时，外置电抗器上存储的电能与 100Hz 脉动直流电进行叠加后，经续流二极管 D5 一并给滤波电容 E3、E4 充电，起到升压的目的。

**（3）PFC 过电流保护电路**

PFC 过电流保护电路主要由 IC32 的 5、6、7 脚与 1、2、3 脚及外围元件组成。通过电路分析，这是两个比较器电路，待机时 IC32 的 5 脚电压大于 6 脚电压，7 脚输出 3.3V 高电平，IC32 的 3 脚电压大于 2 脚电压，1 脚输出高电平 3.3V，经电阻 R105 送到 IC9 的 49 脚。

IC32 的 6 脚电压：由 15V 供电经电阻 R20、R47、R67 分压后得到约 7.5V 的电压。正常待机时 IC32 的 5 脚电压：由 15V 供电经电阻 R57、R19、R88、R18 分压后得到约 7.7V 的电压。当压缩机启动后，来自 PFC 采样点的负压与 5 脚正压进行叠加，当该点叠加电压小于 7.5V 时，7 脚输出低电平（0V），IC32 的 3 脚电压小于 2 脚电压，1 脚输出低电平 0V，经电阻 R105 送到 IC9 的 49 脚，报 PF 故障代码。

在实际维修中，采用电压法检测 IC32 的 5、6、7、1、2、3 脚电压，与正常待机电压进行对比，找到故障点修复即可。

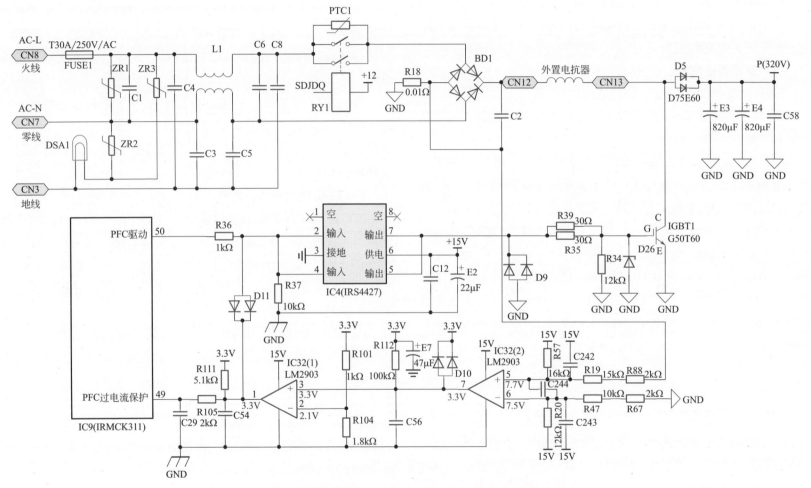

图 3-43 交流滤波、PFC 驱动、PFC 过电流保护电路

## 3.6.2　开关电源电路

本节包含 TNY279PN 引脚功能、振荡原理、供电产生、稳压电路等，参考图 3-44 进行解说。

### （1）TNY279PN 引脚功能

1 脚为稳压反馈引脚，外接 R103、稳压控制光耦 IC402 的 4-3 脚。2 脚为次级电压检测引脚，通过 T401 次级线圈→D407 整流→E407、C404 滤波，再经限流电阻 R114 送到 IC401 的 2 脚。当某种原因引起稳压环路失控，IC401 的 2 脚检测到电压高于 17V 时内部关断开关管，低于 4.9V 时自动回复。

4 脚内部接开关管的漏极，外部接开关变压器初级线圈和 D401、C401、R401 组成的 DRC 阻尼削峰电路。该电路的目的是吸收尖峰脉冲，保护 IC401 内部开关管，所以在实际维修中遇到上电或不定时烧 IC401 模块的故障时，一定要检查该电路元件，或者直接代换该电路元件。5、6、7、8 脚直接接地。

### （2）振荡原理

320V 直流供电经 T401 初级线圈送到 IC401 的 4 脚，IC401 得电后驱动内部开关管即按内部固定驱动频率进行开关工作，T401 的初级线圈不断地储能和释能，耦合给次级线圈，经整流滤波后供各路负载使用。

### （3）稳压电路

当 +12V 输出电压升高时，经电阻 R416、R417 分压后，IC403 控制脚 R 的电压也随之升高，当 R 脚电压高于 2.5V 时，IC403 的 K-A 导通，IC402 的 1-2 脚产生 1.1V 压降，内部二极管发光，

IC402 的 4-3 脚饱和导通，控制 IC401 的 1 脚内部驱动脉冲被旁路，内部开关管截止，输出电压降低。当输出电压低于 12V 时，稳压环路不启控。

### （4）供电产生

T401 一路次级线圈电压经 D405 整流→E402、C408、E403 滤波，产生稳定的 12V 直流供电，供给继电器、反相驱动器等电路使用。

12V 直流供电经 IC404 三端稳压器 7805 稳压→E404、C409 滤波，产生稳定的 5V 直流供电。

5V 直流供电经 IC20（ASM1117-3.3）专用 DC-DC 转换芯片降压→E15 滤波，产生稳定的 3.3V 供电。

3.3V 直流供电经 IC3（ASM1117-1.8）专用 DC-DC 转换芯片降压→E8 滤波，产生稳定的 1.8V 供电。

T401 另一路次级线圈电压经 D406 整流→E405、C410 滤波→IC405（7815）稳压后，再经滤波电容 E406、C411 滤波，输出稳定的 15V 直流供电，供给变频模块和 PFC 电路使用。

在实际维修中常见某路负载短路引起输出电压偏低的情况，根据经验可以采用打阻法判断问题出在哪路负载，用烧机法查找故障元件。

## 3.6.3　三线直流风机驱动电路

三线直流风机驱动电路以驱动模块 FANIPM1 为核心，结合 CPU 六路驱动和供电电路、转子位置检测电路等，参考图 3-45 进行解说。

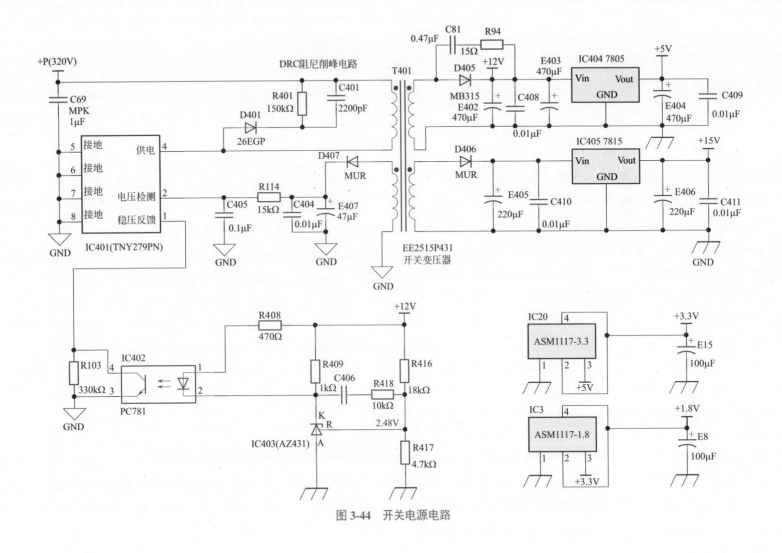

图 3-44　开关电源电路

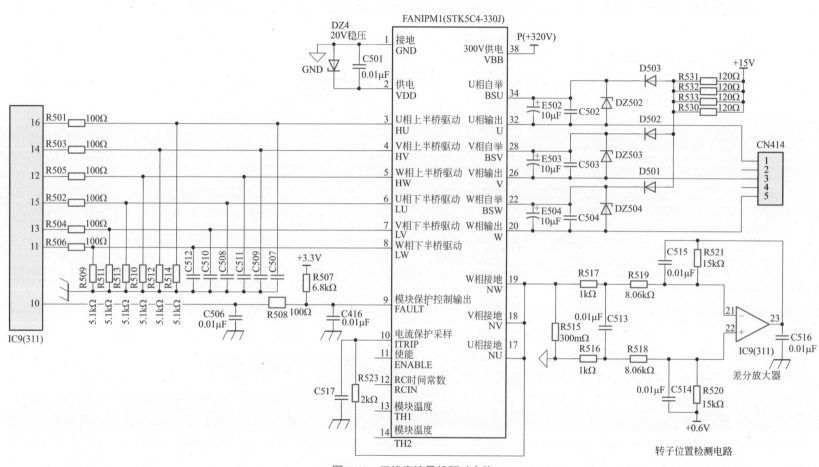

图 3-45　三线直流风机驱动电路

### （1）驱动模块电路

直流风机驱动模块 FANIPM1 内部集成放大、保护、6 个 IGBT 等电路，极大简化了外围电路的设计。

FANIPM1 的 3、4、5、6、7、8 脚为六路驱动控制输入引脚，与 CPU（IC9）之间通过限流电阻 R501、R503、R505、R502、R504、R506 连接。在实际维修中，这六个限流电阻任何一个开路或阻值变大都会引起直流风机驱动不足、运行异常，报 E7 故障代码。

FANIPM1 的 2 脚外接 15V 直流供电，为内部上下半桥 IGBT 驱动放大电路提供电压。模块内部具有欠压保护功能，当供电电压低于一定值时自动关断六路 IGBT 输出，同时控制 9 脚输出电压反转，通知 IC9 报 E7 故障代码。

FANIPM1 的 34、28、22 脚接 U、V、W 上半桥驱动自举升压电路，通过 E502、C502、DZ502、E503、C503、DZ503、E504、C504、DZ504 接到 FANIPM1 的 U、V、W 输出端。当 U、V、W 输出的三相电压升高时，FANIPM1 的 34、28、22 脚电压也随之升高，保障上半桥内部 IGBT 的 G-S 之间正向偏压永远大于 15V。在实际维修中常见为某个自举升压电容容量失效或短路引起模块内部上半桥功率管 S 极电压大于或等于 G 极电压而反偏截止，风机运行异常，报 E7 故障代码。

FANIPM1 的 10 脚为电流保护采样，通过电阻 R523 接到采样电阻 R515 上端，当该点电压大于 0.5V 时内部过电流保护电路动作，关闭六路驱动信号，同时 11 脚输出反转信号电压。

FANIPM1 的 9 脚为内部检测模块保护控制输出，正常工作时该引脚输出高电平（3.3V），当内部检测到模块过电流、高温等异常情况时输出瞬间低电平（0V），同时切断六路 IGBT 的驱动信号，经 R508 送到 CPU（IC9）的 10 脚。当 IC9 内部多次检测到风机模块保护时，整机停，报 E7 故障代码。

### （2）相电流（转子位置）检测电路

IC9 的 21、22、23 脚及外围电路组成一个差分放大器。接下来介绍各脚电压的计算。

根据差分放大器输出电压计算公式

$$V_{OUT}=(V_1-V_2)(R_2/R_1)+V_{CC}$$

可以推算出待机时 IC9 的 23 脚电压约为 0.6V。

根据电阻串联计算公式

$$U_2=[R_2/(R_1+R_2)]V_{CC}$$

可以推算出 IC9 的 22 脚待机电压约为 0.22V。根据放大器虚短理论，正常时 IC9 的 21 脚与 22 脚电压相等，也应约为 0.22V。

在实际维修中，该电路出现问题引起风机不转、报 E7 故障代码时，用电压法锁定故障范围，用电阻法、对比法找到坏件修复即可。

### 3.6.4 变频压缩机驱动电路

压缩机驱动模块采用 STK621-068R，内部集成电流采样电路，引脚非常精简；驱动 CPU 采用 IC9（IRMCK311），内部集成压缩机相电流检测运算放大器，使外围电路设计得到极大简化，参考图 3-46 进行解说。

### （1）IPM301 引脚功能

IPM301 的 1、4、7 脚为 U、V、W 自举升压输入引脚。E19、

C50、E20、C51、E21、C53 为自举升压电容，DZ1、DZ3、DZ5 为稳压二极管。在实际维修中，该电路任何元件漏电或短路都会引起自举升压不足，机器报 P4 故障代码，用打阻法加对比法排查即可。

IPM301 的 13、14、15、16、17、18 脚为六路驱动输入引脚，分别通过限流电阻 R59、R60、R109、R61、R58、R110 与 CPU（IC9）的 47、45、43、46、44、42 连接。该电路中任何一个限流电阻开路都会引起驱动不足、压缩机运行电流大，报 P4 故障代码。在实际维修中采用电阻法直接排查即可。

IPM301 的 21 脚为内部驱动电路 15V 供电，该点电压过低会引起内部驱动不足，电压过高会引起内部模块损坏，所以外加 20V 稳压二极管 DZ4 作为防高压保护。

IPM301 的 19 脚为模块过电流、高温保护电压输出（FO）引脚，正常运行时默认为 2.6V 高电平，当模块内部检测到故障时输出瞬间低电平，同时关断下半桥驱动信号。该引脚通过限流电阻 R86 连接到 IC9 的 41 脚。

IPM301 的 20 脚为模块内部总电流采样电阻上端输出引脚，通过该引脚外接相电流检测电路和硬件过电流保护检测电路。

**（2）硬件过电流保护检测电路**

IC34 为一个内置双路比较器专用 IC，硬件过电流保护检测电路主要由 IC34（LM2903）的 1、2、3 脚及外围元件组成。IC34 的 2 脚为比较器基准电压，约 7.67V，该电压由 15V 供电经上拉电阻 R170 → 下拉电阻 R159、R158 分压产生。

IC34 的 3 脚电压为比较器采样电压输入端，正常待机时约为 7.38V，当压缩机运行时，来自 ISO 的采样电压与该点电压进行叠加，当该点电压叠加后大于 IC3 的 2 脚基准电压 7.67V 时，IC3 的 1 脚电压反转为高电平 0.7V，驱动 Q3 饱和导通，Q3 的集电极被拉低为低电平 0.3V，经电阻 R86 → IC9 的 41 脚，经 IC9 内部处理后关断六路驱动信号，报 P4 故障代码。

**（3）压缩机相电流检测电路**

IC9 的 30、31、32 脚及外围电路组成一个差分放大器。接下来介绍各脚电压的计算。

根据差分放大器输出电压计算公式 $V_{OUT} = (V_1 - V_2)(R_2/R_1) + V_{CC}$，可以推算出待机时 IC9 的 32 脚电压约为 0.59V。

根据电阻串联计算公式 $U_2 = [R_2/(R_1 + R_2)]V_{CC}$，可以推算出 IC9 的 31 脚待机电压约为 0.26V。根据放大器虚短理论，正常时 IC9 的 30 脚与 31 脚电压相等，也应约为 0.26V。在实际维修中，该电路出现故障机器报 P4 故障代码，用电压法进行排查即可。

### 3.6.5 五线直流风机、交流风机、四通阀、电子膨胀阀驱动电路

本节包含五线直流风机、交流风机、四通阀、电子膨胀阀驱动电路等，参考图 3-47 进行解说。

**（1）五线直流风机驱动电路**

五线直流风机将变频电机驱动板安装在电机内部，简化了外部控制电路的设计，通过五根引线与外部电路连接。各路引线功能如下。

CN19 的 1 脚内部接电机转速反馈电路，通过光耦 IC16、R44 将电机转速信号传递给 IC101 的 21 脚。

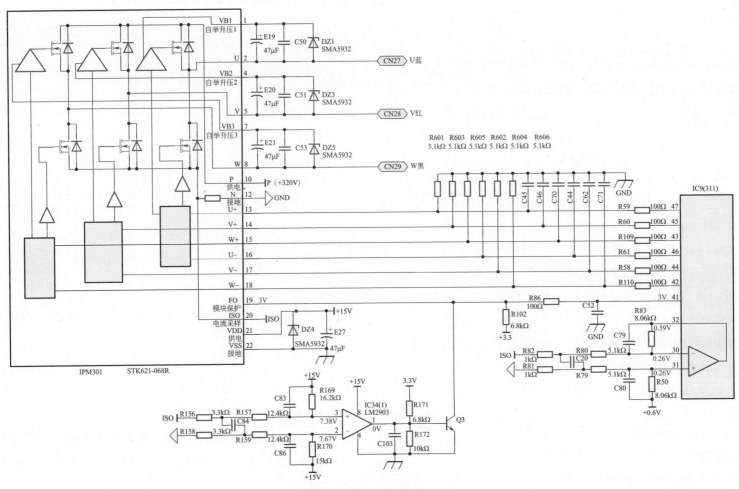

图 3-46　变频压缩机驱动电路

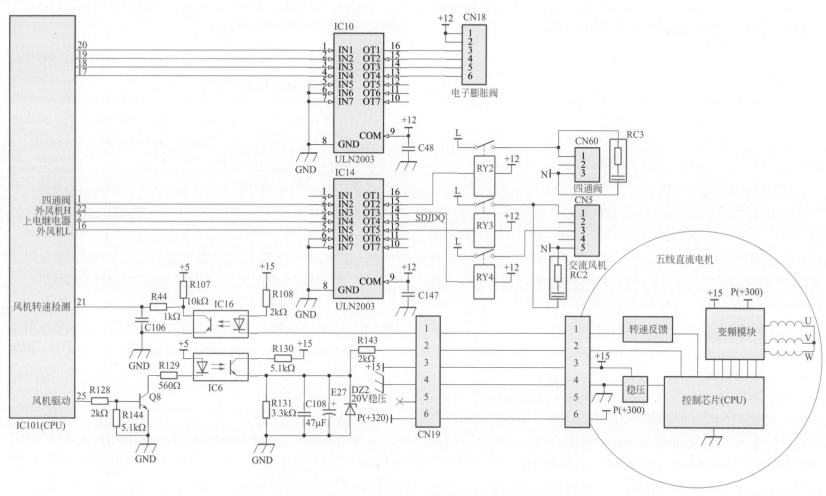

图 3-47　五线直流风机、交流风机、四通阀、电子膨胀阀驱动电路

CN19 的 2 脚外接电机转速驱动电路，由 IC101 的 25 脚发出电机转速驱动信号，经限流电阻 R128、Q8、R129、IC6、R143 → CN19 的 2 脚，送到电机内部驱动电路。

CN19 的 3 脚外接 15V 直流供电。

CN19 的 4 脚接地。

CN19 的 5 脚悬空。

CN19 的 6 脚外接 320V 直流供电。

在实际维修中该部分出现故障会报 E7 故障代码，采用电阻法、电压法、打阻法排查该电路所有元件即可。

**（2）交流风机驱动电路**

IC101 的 22、16 脚为室外交流风机高、低挡控制引脚。以高挡为例，当外风机达到启动条件时，IC101 的 22 脚输出高电平（5V），加到反相驱动器 IC14 的 3 脚，经反相驱动器 IC14 内部处理后 14 脚输出低电平。12V 直流供电经 RY4 外风机控制继电器线圈 → IC14 的 14 脚，对地形成电流回路；RY4 继电器触点吸合，L → RY4 触点，外风机高挡控制线圈得电投入工作。

在该电路中，风机启动电容为外置式，RC2 为滤波元件。

**（3）四通阀驱动电路**

当外机收到制热运行指令时，IC101 的 1 脚输出高电平（5V），加到反相驱动器 IC14 的 2 脚，经反相驱动器 IC14 内部处理后 15 脚输出低电平，继电器 RY2 线圈上产生 12V 压降，继电器 RY2 触点吸合，火线 L 经继电器 RY2 触点送达四通阀线圈。

在该电路，RC3 为滤波元件。

**（4）电子膨胀阀驱动电路**

IC101 的 20、19、18、17 引脚为电子膨胀阀控制引脚，驱动反相驱动器 IC10 的 1、2、3、4 脚输入，经内部处理后由 IC10 的 16、15、14、13 脚输出相应低电平信号，通过 CN18 插头控制电子膨胀阀线圈产生磁力，吸引阀针运动。

### 3.6.6 主副 CPU 通信、内外机通信、PFC 电流检测、交流电压检测电路

本节包含 IC101 与 IC9 通信电路、PFC 电流检测电路、交流电压检测电路、内外机通信电路，参考图 3-48 ～图 3-50 进行解说。

**（1）IC9 与 IC101 通信电路**

在图 3-48 和图 3-50 中都有 IC9 这个芯片，但它们不是同一个芯片，图 3-50 中的 IC9 为内机主板 CPU 芯片，图 3-48 中的 IC9 为室外机主板驱动芯片。

IC101 与 IC9 数据通信时采用 IC31、IC21 光耦隔离，电路结构简单。当该电路出现故障后，变频检测仪显示 P40 故障代码。

在实际维修中，可以采用电阻法直接检测 R121、R178、R177、R49、R176、R106、R175，找到故障元件更换即可。如果电阻正常，再用两块数字万用表同时调到二极管挡配合测量 IC31、IC21 有无异常。如果光耦有问题，则进行更换即可；如果光耦没有问题，则应更换 IC9、IC101。

**（2）内外机通信电路**

参考图 3-50，火线 L2 经 D8 整流 →分压电阻 R21、R22 降压后，再经 DZ1 稳压二极管稳压 → E6、C18 滤波，产生稳定的 -24V 电压。

R23 为负载电阻，断电后给 E6 进行放电。C17、R23 组成 RC 抗干扰电路。R15、PTC2、R8、R2 为负载分压电阻，用来调节通信数据传输时的电流。

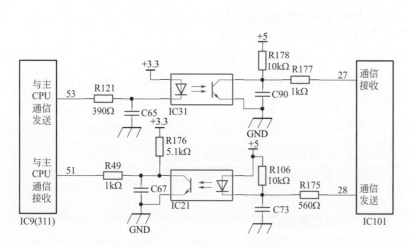

图 3-48　IC9（311）与 IC101 通信电路

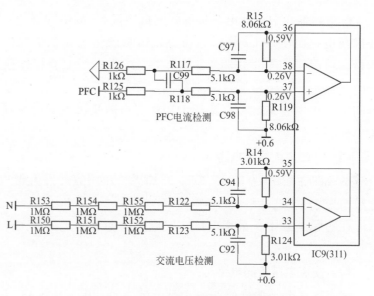

图 3-49　PFC 电流、交流电压检测电路

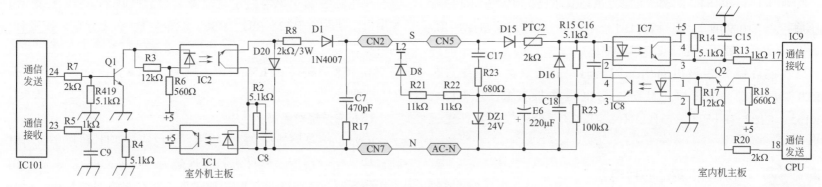

图 3-50　内外机通信电路

在实际维修中，该电路出现问题机器报 E8 故障代码，同时外机断电，断电后 L2 将没有供电，影响通信电路供电电压的测量。可以采用干预法将 L2 与内机接线排火线 L 直接连接进行电压测量，或用检测仪分别检测故障原因是内机问题还是外机问题，判定故障部位后采用电阻法、打阻法排查即可找到故障元件。

**(3) PFC 电流检测电路**

参考图 3-49，IC9 的 36、37、38 脚及外围阻容元件组成 PFC 电流检测电路，这是一个同相输入差分放大器。

在实际维修中，采用电压法、电阻法即可判定故障元件的好坏。

**(4) 交流电压检测电路**

参考图 3-49，该电路是一个差分放大器，由 IC9 的 33、34、35 脚及外围阻容元件组成。该电路采样电压来自 220V 交流市电，经电阻 R153、R154、R155、R122，R150、R151、R152、R123 降压后，送入 IC9 的 34、33 脚，经内部处理后计算出交流电压值，为 PFC 功率因数校正电路提供参考数据。

在实际维修中该电路出现问题时，检测仪会报电压过低 P10、电压过高 P11 故障代码，用电阻法排查 R153、R154、R155、R122、R150、R151、R152、R123，找到故障元件更换即可。

### 3.6.7 直流电机驱动芯片电路

IRMKC311 是一块双直流电机专用驱动芯片，内部集成直流母线电压检测、交流电压检测、PFC 驱动、PFC 电流检测、双直流电

机相电流检测等电路，配上简单的外设电路和压缩机、电机数据即可实现驱动控制，极大简化了电路设计和开发周期。参考图 3-51 对其主电路及附属功能进行解说。

**(1) CPU 工作三要素电路**

① 供电。IC9 内部采用多个模块，所以供电有多路，包含 1.8V、3.3V 两种。IC9 的 7、19、25、63 脚为 1.8V 直流供电，IC9 的 9、40 脚为 3.3V 供电。

② 复位。IC9 的 62 脚为复位输入引脚，根据外围复位电路结构分析，该电路为低电平复位输入。

③ 晶振。IC9 的 1、2 脚为晶振输入引脚，外接 R70、OSC1、C35、C37 组成晶振电路。

**(2) 存储器电路**

IC9 的 56、55 脚通过限流电阻 R42、R41 连接到存储器 IC8 的 5、6 脚。

在实际维修中该电路出现故障会报故障代码 E51。检修时，先用电阻法排查 R42、R41、R56、R168、D4 有无异常。如果有，则更换即可。如果都正常，则代换或重新烧写 IC8 进行测试。如果更换 IC8 后仍然报 E51 故障，则判定为 IC9 内部损坏，更换 IC9 即可。

**(3) 测试烧写电路**

IC9 的 3、4 脚外接 CN24 插座，可以通过 TTL 转接小板与电脑连接，用专用测试软件进行程序烧写。更换 CPU 后，需要用专用仿真驱动工具连接电脑，通过该电路在路烧写原厂程序后方可使用。

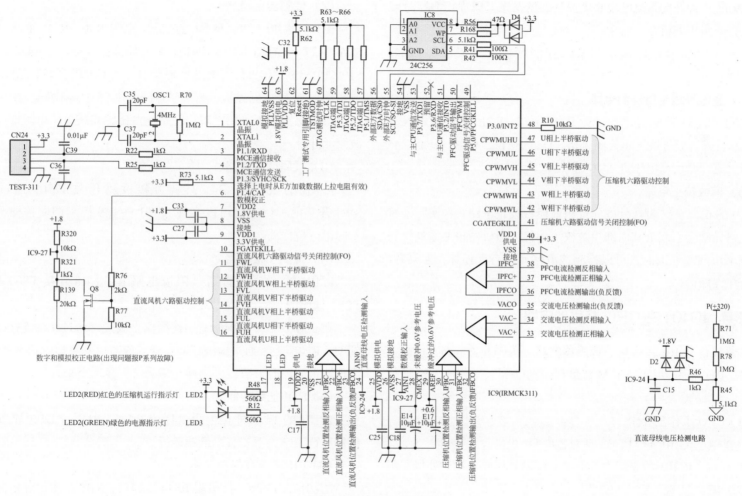

图 3-51 IRMCK311 电路

### (4) LED 指示灯电路

IC9 的 17 脚外接限流电阻 R48 控制红色发光二极管 LED2 工作，该灯点亮证明压缩机在运行中。

IC9 的 18 脚外接限流电阻 R12 控制绿色发光二极管 LED3 工作。

### (5) 直流母线电压检测电路

IC9 的 24 脚外接电阻 R46、R45、R78、R71 与母线电压 P（320V）组成直流母线电压检测电路。D2 为钳位二极管，防止 R45 阻值变大或开路后高电压进入 IC9 的 24 脚。

### (6) 模数校正电路

IC9 的 6 脚、27 脚及外围元件组成模数校正电路。在实际维修中该电路异常会引起 IC9 内部模数校正偏移，当机器报 P 系列代码但又查不出问题原因时，可以检测该电路元件有无损坏，如果有，则更换坏件即可。

### 3.6.8  IC101 主 CPU 及其他电路

本节包含 IC101 主电路、传感器电路、拨码开关电路、检测小板电路、RDI 低频功能、RIPM 温度保护功能等，参考图 3-52 进行解说。

#### (1) CPU 工作三要素

① 供电。IC101 的 11、32 脚为芯片 5V 供电。

② 复位。IC101 的 3 脚为低电平复位输入引脚，通过外接专用复位芯片 IC17 实现。

③ 晶振。IC101 的 7、8 脚为晶振输入引脚，通过外接 R160、X1 晶体实现。

#### (2) 传感器电路

IC101 的 40、39、38 脚通过分压电阻 R30、R31、R28、R29、R26、R27 →插排 CN10、CN17，分三路连接到排气（50kΩ）、盘管（10kΩ）、环境（10kΩ）温度传感器上。当 CPU 检测到传感器开路或短路时控制整机停机，报 E54、E52、E53 故障代码。在实际维修中将传感器拔下，用电阻法在路测量传感器或分压电阻即可找到故障元件。

#### (3) 拨码开关电路

IC101 的 26、30、34、35 脚外接拨码开关 SW1。通过设置 SW1 开关的不同组合可以实现 IC101 → IC9 控制调取各种压缩机不同运行数据的匹配。

#### (4) 检测小板电路

IC101 的 43、44 脚通过限流电阻 R87、R8 外接 TEST 插座。TEST 插座的 1 脚接 5V 供电，2 脚接地。

在实际维修中，售后专用检测仪小板接口通过 4 线连接线连接到 TEST 插座上，通过检测仪即可查看或监控外机运行状态及数据，当机器报故障时，可以准确地在检测仪上显示出来。

#### (5) RDI 低频功能

IC101 的 14 脚外接电阻 R412、R413、RDI。RDI 电阻安装后机器运行正常；不安装，低频运行。

#### (6) RIPM 温度保护功能

IC101 的 15 脚外接电阻 R414、R415、RIPM。RIPM 电阻安装后有温度保护功能；不安装，没有温度保护功能。

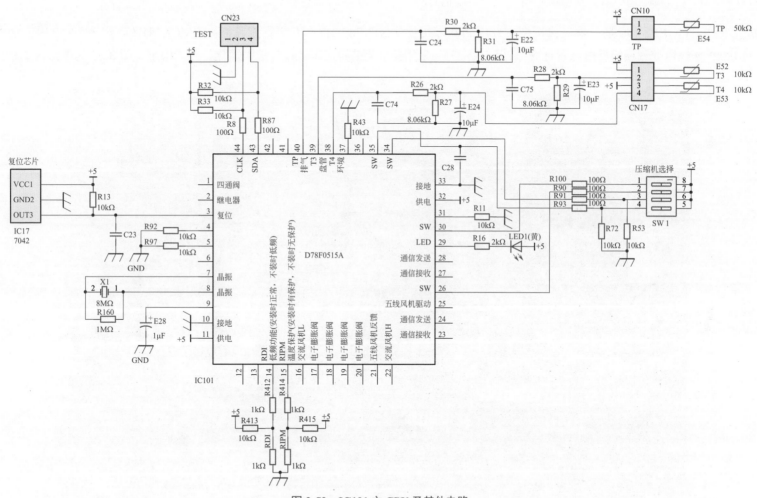

图 3-52 IC101 主 CPU 及其他电路

# 3.7 柜式 KFR-51W/BP2-190 电路

柜式 KFR-51W/BP2-190 是一款经典机型，采用 PFC 专用模块 STK760-211、五线直流风机、IRMCK341（简称 341）专用驱动小板、STK621-068R 压缩机变频模块，电源管理 IC 采用 TNY279，采用模块化结构使主板设计极大简化、性能稳定，图 3-53 为电路板实物。

图 3-53　柜式 KFR-51W/BP2-190 电路板

## 3.7.1 交流滤波、直流风机驱动、电子膨胀阀驱动电路

图 3-54 为交流滤波、直流风机驱动、电子膨胀阀驱动电路。

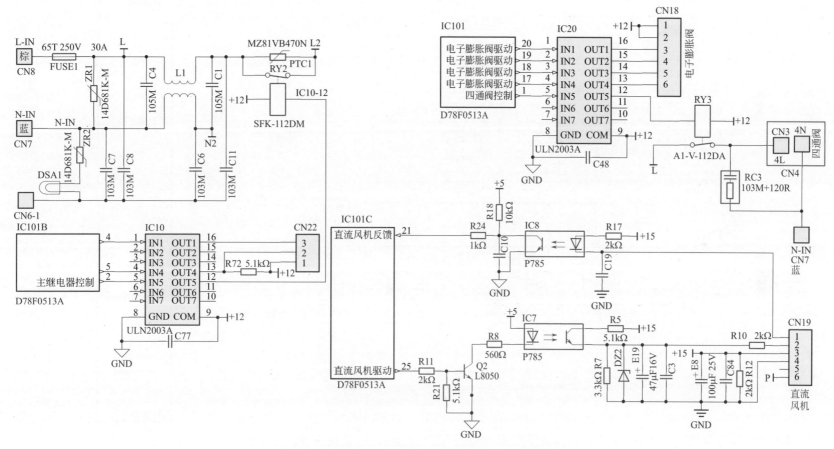

图 3-54 交流滤波、直流风机驱动、电子膨胀阀驱动电路

**PFC 功率因数校正电路**

图 3-55 为 PFC 功率因数校正电路。

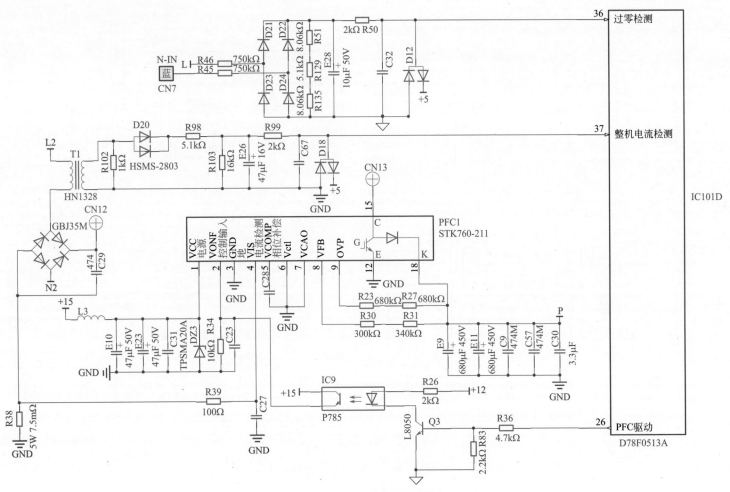

图 3-55 PFC 功率因数校正电路

### 3.7.3 开关电源电路

图 3-56 为开关电源电路。

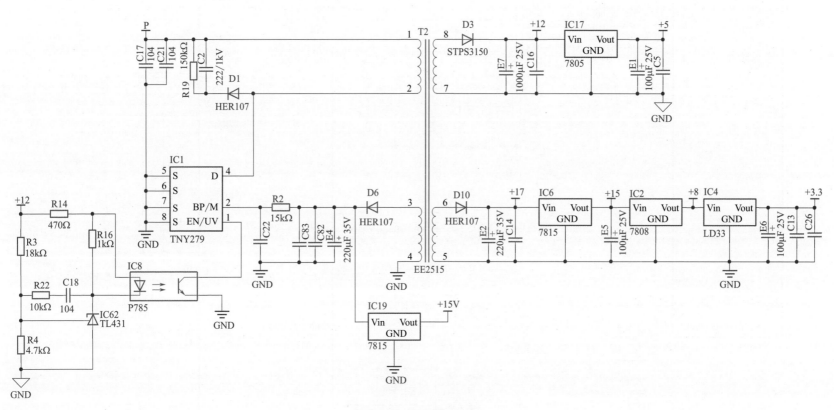

图 3-56 开关电源电路

**变频压缩机驱动电路**

图 3-57 为变频压缩机驱动电路。

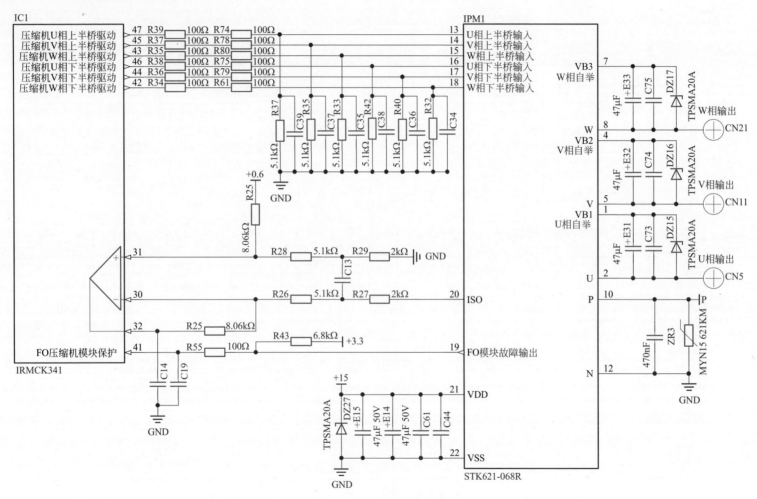

图 3-57　变频压缩机驱动电路

### 3.7.5 通信电路

图 3-58 为通信电路。

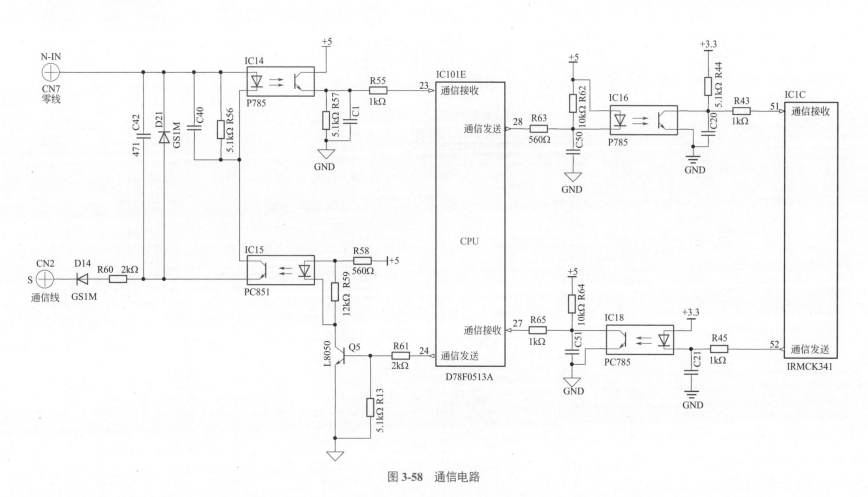

图 3-58 通信电路

## 3.7.6 IRMCK341 电路

图 3-59 为 IRMCK341 电路。

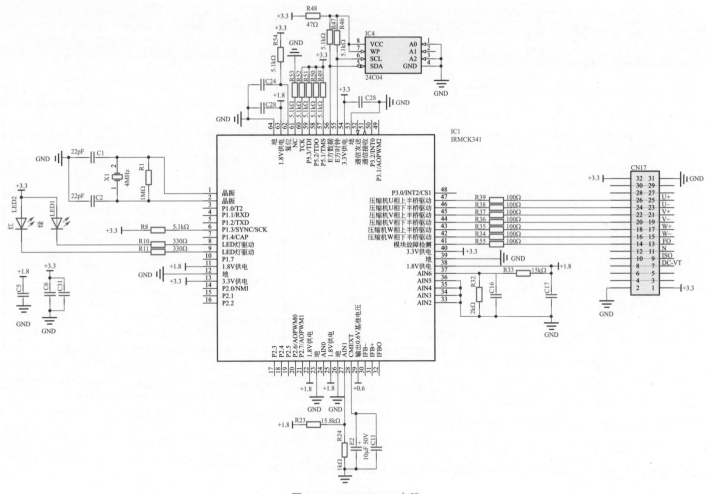

图 3-59 IRMCK341 电路

## 3.7.7 IC101 主 CPU 及其他电路

图 3-60 为 IC101 主 CPU 及其他电路。

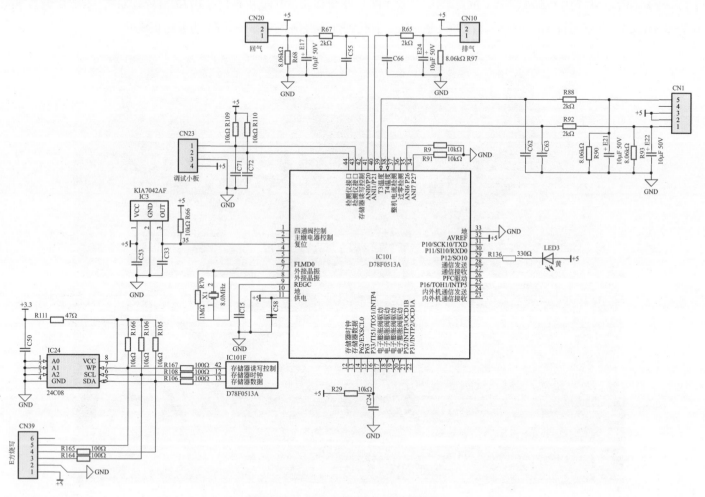

图 3-60　IC101 主 CPU 及其他电路

# 3.8 柜式 KFR-72W/BP2-270 电路

柜式 KFR-72W/BP2-270 采用经典双芯片 CPU 设计、有源 PFC、交流风机，压缩机模块采用 SCM124ZMF，主芯片为 D78F0513A，电机驱动芯片为 IRMCK311，电源管理芯片为 TNY279，是一款具有代表性的经典机型，图 3-61 为电路板实物。

图 3-61  柜式 KFR-72W/BP2-270 电路板

## 3.8.1 交流滤波、交流电压检测、驱动电路

图 3-62 为交流滤波、交流电压检测、驱动电路。

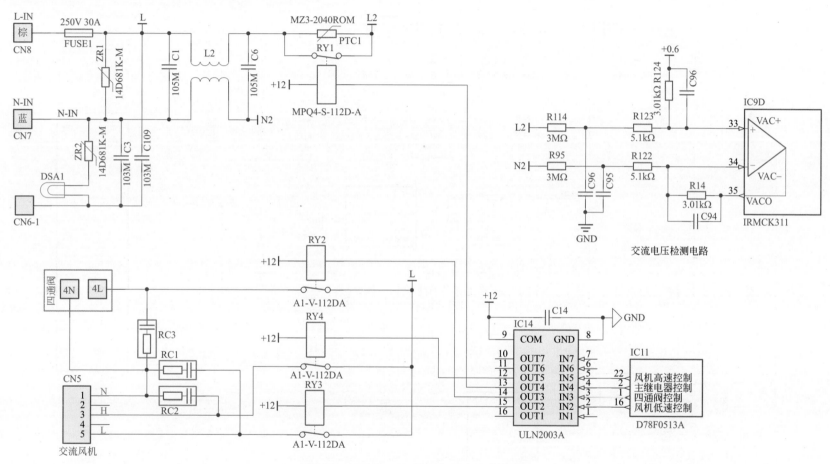

**图 3-62** 交流滤波、交流电压检测、驱动电路

## 3.8.2　PFC 功率因数校正电路

图 3-63 为 PFC 功率因数校正电路。

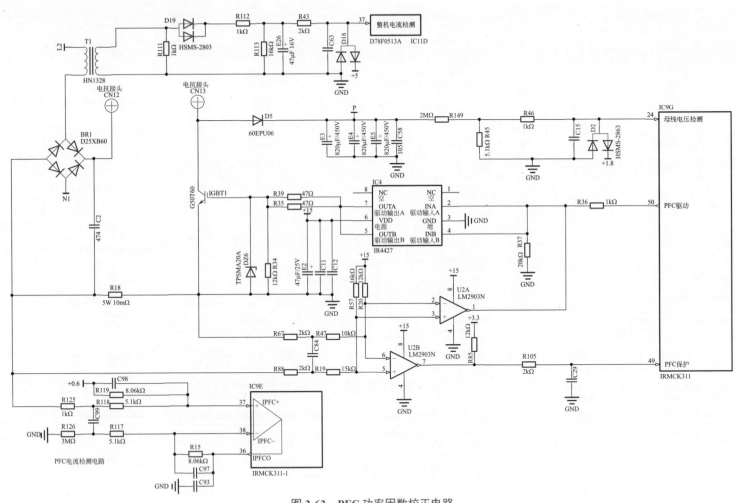

图 3-63　PFC 功率因数校正电路

## 3.8.3 开关电源电路

图 3-64 为开关电源电路。

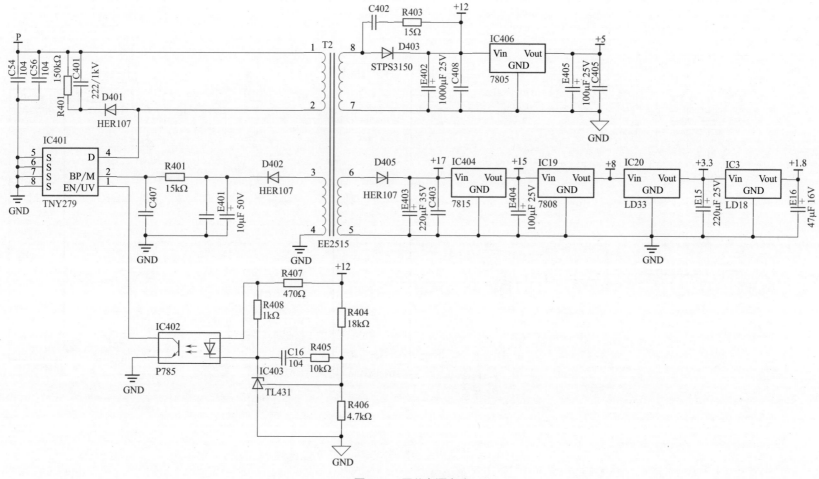

图 3-64　开关电源电路

## 3.8.4 外机通信电路

图 3-65 为外机通信电路。

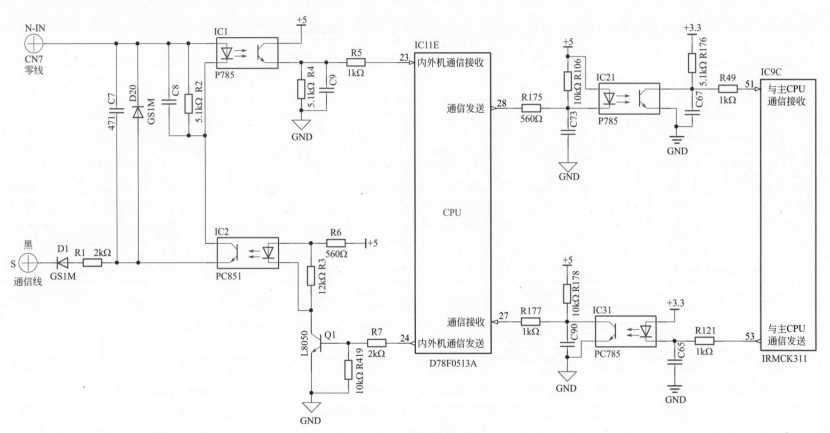

图 3-65 外机通信电路

## 3.8.5 变频压缩机驱动电路

图 3-66 为变频压缩机驱动电路。

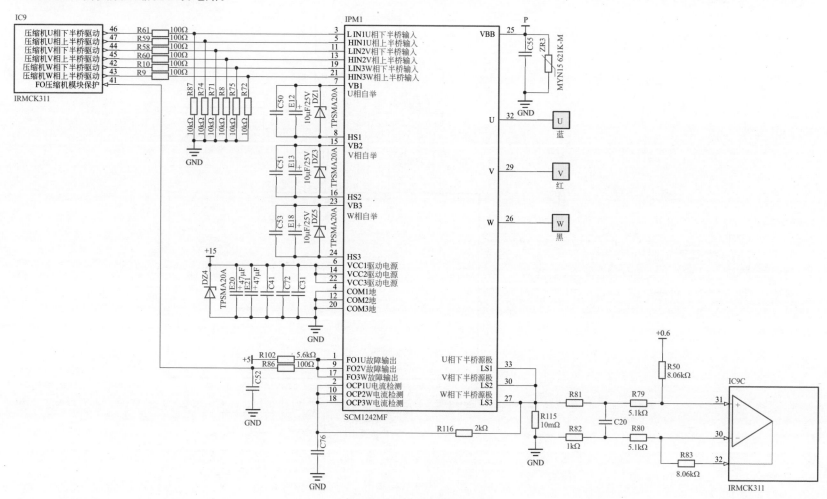

图 3-66 变频压缩机驱动电路

图 3-67 为 IRMCK311 电路。

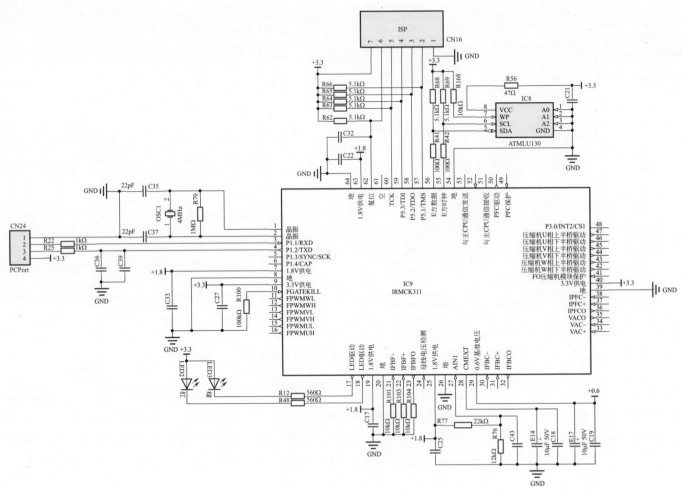

图 3-67　IRMCK311 电路

## 3.8.7 IC11 主 CPU 电路

图 3-68 为 IC11 主 CPU 电路。

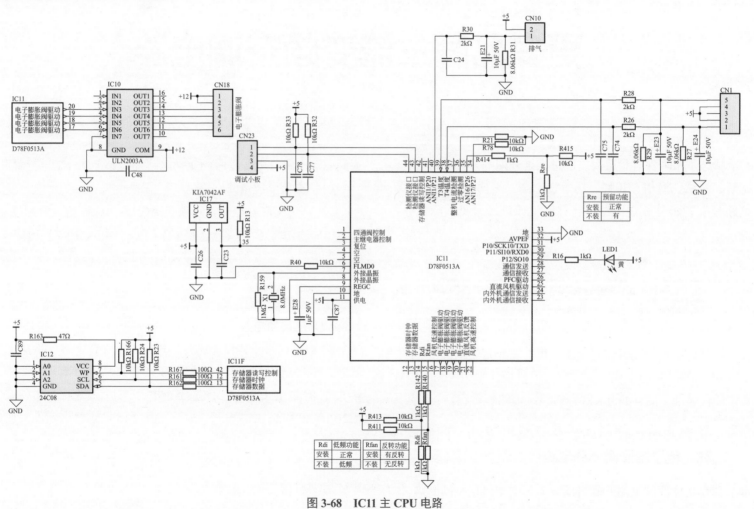

图 3-68　IC11 主 CPU 电路

# 第4章

# 更多品牌主流变频空调电路

本节精选了市场保有量较大、已进入维修期的 8 套电路板，包含奥克斯、海尔、海信、长虹、扬子、志高、美博、格兰仕品牌，根据电路板实物将其原理图绘出，并配上原理及常见故障检修技巧解说。

## 4.1 奥克斯挂式通用拨码板 KFR-35W/Bp 电路

奥克斯挂式通用拨码板兼容交流风机、三线直流风机，采用三菱 PS219A4 压缩机驱动模块，三线直流风机模块采用 SIM6812M，具有一定的代表性，图 4-1 为 KFR-35W/Bp 电路板实物。

### 4.1.1 交流滤波、软启动、交流风机驱动、四通阀驱动、电子膨胀阀驱动电路

本节包含交流滤波电路、软启动电路、交流风机驱动电路、四通阀驱动电路、电子膨胀阀驱动电路等，参考图 4-2 进行解说。

**（1）交流滤波电路**

220V 交流市电经外机接线排 AC-L、AC-N 送到外机主板。火线 AC-L 通过主板铜箔→熔断器 F1 →压敏电阻 Z1 → C99、L3、C51 组成的交流滤波电路滤波后，送到整流滤波电路。在该电路中，SA1 为放电管，Z2 为压敏电阻，C78、C79 为滤波电容，GND 端子接机器外壳地线。

**（2）软启动电路**

参考图 4-2 和图 4-3，首次上电 RY1 不吸合，触点断开处于等待状态，AC-N 经过 PTC1 → L3 → BG1 整流桥→外置电抗器→ D13，给大滤波电容 E20、E21 进行充电，当电压充到 260V 以上时，IC2B 的 20 脚输出高电平（5V），由反相驱动器 IC5 的 6 脚输入，经内部处理后，11 脚输出低电平（0V），外机上电继电器 RY1 的控制线圈上产生 12V 压降，RY1 的触点吸合，将 PTC1 短路，实现软启动目的。

图 4-1　奥克斯 KFR-35W/Bp 电路板

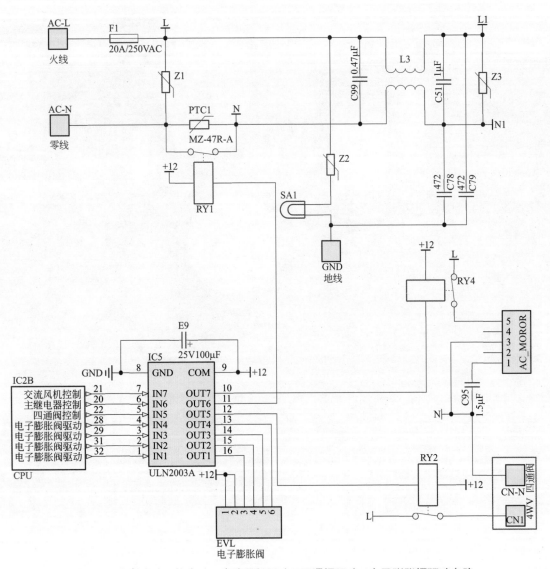

图 4-2　交流滤波、软启动、交流风机驱动、四通阀驱动、电子膨胀阀驱动电路

在实际维修中，PTC1 开路会引起外机无法启动，内机报通信故障 E5 代码。

**（3）交流风机驱动电路**

IC2B 的 21 脚为室外交流风机控制引脚。当外风机达到启动条件时 IC2B 的 21 脚输出高电平（5V），加到反相驱动器 IC5 的 7 脚，经反相驱动器 IC5 内部处理后 10 脚输出低电平；12V 直流供电经 RY4 继电器线圈→ IC5 的 10 脚内部驱动电路，对地形成电流回路；RY4 继电器触点吸合，火线 L → RY4 触点，外风机线圈得电投入工作。在该电路中，C95 为风机驱动电容。

**（4）四通阀驱动电路**

当外机 CPU 接收到制热运行指令后，IC2B 的 22 脚输出高电平（5V），送到反相驱动器 IC5 的 5 脚，经 IC5 内部处理后 12 脚输出低电平（0V），RY2 线圈上产生 12V 压降，RY2 继电器触点吸合，火线 L 通过 RY2 继电器触点加到四通阀线圈上。

**（5）电子膨胀阀驱动电路**

每次上电 IC2B 控制电子膨胀阀自动复位，再调到 300 步左右中间位置，压缩机运行中根据系统内外机传感器数据微调电子膨胀阀，使其与系统运行匹配达到最佳制冷制热状态。

IC2B 的 28、29、31、32 脚根据控制时序输出高电平信号，送到反相驱动器 IC5 的 4、3、2、1 脚输入，经 IC5 反相处理后 13、14、15、16 脚输出相应逻辑的低电平信号，控制电子膨胀阀相应线圈得电，吸引阀针正向或反向运动。

在实际维修中，常见故障为电子膨胀阀阀针卡住，可以采用敲击法或强磁铁吸引法测试能否恢复，如果不能，则更换阀体。IC5 损坏也会引起电子膨胀阀不动作，用干预法在反相驱动器的 1、2、

3、4 脚分别输入 5V 高电平，测试 16、15、14、13 脚有无低电平输出。

### 4.1.2 PFC 功率因数校正电路

本节包含 PFC 驱动电路、PFC 过电流保护电路、PFC 电流检测电路，参考图 4-3 进行解说。

**（1）PFC 驱动电路**

当变频压缩机运行到中高频时，随着压缩机电流的增加，直流母线电压开始降低，当降到一定值（由研发工程师设定）时，达到 PFC 启动阈值。

IC2A 的 24 脚输出 0 ～ 5V 几十千赫兹的 PWM 开关信号，经限流电阻 R92 送到 Q4 的基极，经 Q4、Q1 放大后输出 0 ～ 14V 左右的脉冲信号，再经 D18、R101 后送到 IGBT 的控制极，使 IGBT 工作在 CPU 的驱动控制频率下。

在该电路中电阻 R103 为放电电阻，Q2 为放电三极管，保证 IGBT 在截止期间将控制极上的电荷迅速泄放掉。ZD3 为一个 18V 稳压二极管，在该处起保护作用，防止 IGBT 的 C-G 击穿后高电压损坏后级电路。R93 为负载电阻。

当 IGBT 导通时，外置电抗器上开始存储电能，当 IGBT 截止时，外置电抗器上存储的电能与 100Hz 脉动直流电进行叠加后经续流二极管 D13 一并给滤波电容 E20、E21 充电，达到升压的目的。

在实际维修中，该电路出现问题会引起 PFC 不工作或烧 IGBT 等现象，采用打阻法、电阻法将该电路元件全部排查一遍即可。

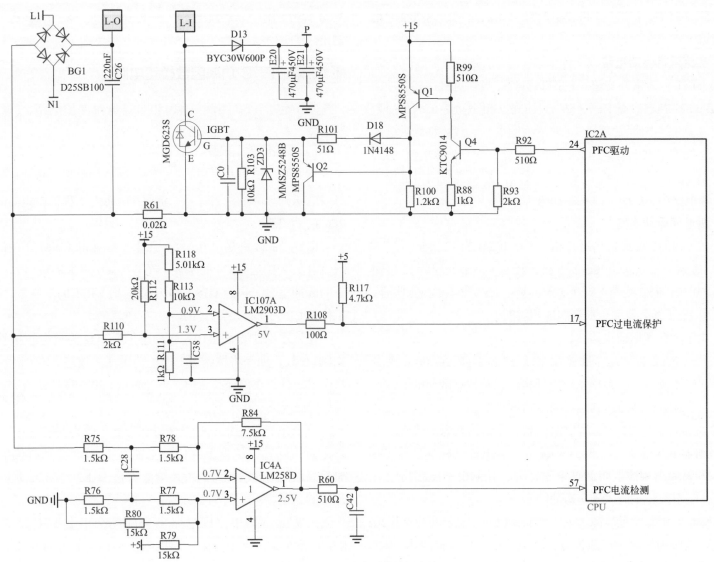

图 4-3  PFC 功率因数校正电路

**（2）PFC 过电流保护电路**

PFC 过电流保护电路主要出 IC107A 的 1、2、3 脚与外围元件组成。通过电路分析，这是一个比较器电路，待机时 IC107A 的 3 脚电压大于 2 脚电压，1 脚输出 5V 高电平，经电阻 R108 送到 IC2A 的 17 脚。

IC107A 的 2 脚电压：由 15V 供电经电阻 R118、R113、R111 分压后得到约 0.9V 的电压。正常待机时 IC107A 的 3 脚电压：由 15V 供电经电阻 R112、R110、R61 分压后得到约 1.3V 的电压。当压缩机启动后，来自 PFC 采样点的负压与 IC107A 的 3 脚正压进行叠加，当该点叠加电压小于 0.9V 时，IC107A 的 1 脚输出低电平（0V），经电阻 R108 送到 IC2A 的 17 脚，报 F2 故障代码。

在实际维修中，该电路采用电压法检修即可。

**（3）PFC 电流检测电路**

PFC 电流检测电路主要由 IC4A 的 1、2、3 脚与外围元件组成。通过电路分析，这是一个差分放大器电路，但其同相输入端上拉供电与传统差分放大器上拉供电有所不同，所以很容易被误认为是一个运算放大器。可以用拆分法分析这个电路，将 R79、R80 拿掉转换成上拉 7.5kΩ 电阻 2.5V 供电，这样该电路就跟传统差分放大器结构一样，明白这些原理对计算这个电路的各脚电压是非常有益的。根据差分放大器计算公式计算出 IC4A 的 1 脚待机电压约为 2.5V，根据电阻串联公式计算出 IC4A 的 2、3 脚电压约为 0.7V。

在实际维修中该电路出现问题检测仪会报 F18 故障代码，采用电压法测量 IC4A 的 1、2、3 脚电压，与图纸比对即可找到故障元件。

### 4.1.3 开关电源电路

本节电源管理 IC 采用 STR3A161HD，内部集成振荡、稳压、电压电流保护等功能，参考图 4-4 进行解说。

**（1）IC18 引脚功能**

1 脚内部接开关管源极和过电流保护电路，通过外接采样电阻 R179、R178 接地。

2 脚为电源管理芯片 IC18 的供电引脚，IC18 首次上电内部启动电压由 5、6、7、8 脚输入后、内部电路产生，当芯片启动后 2 脚电压达到 15V 时，内部供电电路自动切换为 2 脚供电。2 脚供电电压由次级绕组→ D23 → R181 → E82 产生。

3 脚为接地端。

4 脚为稳压反馈输入端。该机设置两路稳压采样输入：一路是由 15V 供电经 15V 稳压二极管 ZD10 →限流电阻 R183 送达 Q28 的基极，该路稳压采样电路主要在机器正常工作时使用，当某种原因该路稳压失效后，第二路稳压采样启控；第二路稳压采样电路是由 IC18 的 2 脚供电（正常时约为 15V，一路稳压失控后会升至约 18V）经限流电阻 R186 → 18V 稳压二极管 ZD6 送达 Q28 的基极。

5、6、7、8 脚内部接开关管的漏极，外部接 BYQ 开关变压器初级线圈和 D22、C102、R180 组成的 DRC 阻尼削峰电路。该电路的目的是吸收尖峰脉冲，保护 IC18 内部开关管，所以在实际维修中遇到上电或不定时烧 IC18 模块的故障时一定要检查该电路元件，或者直接代换该电路元件。

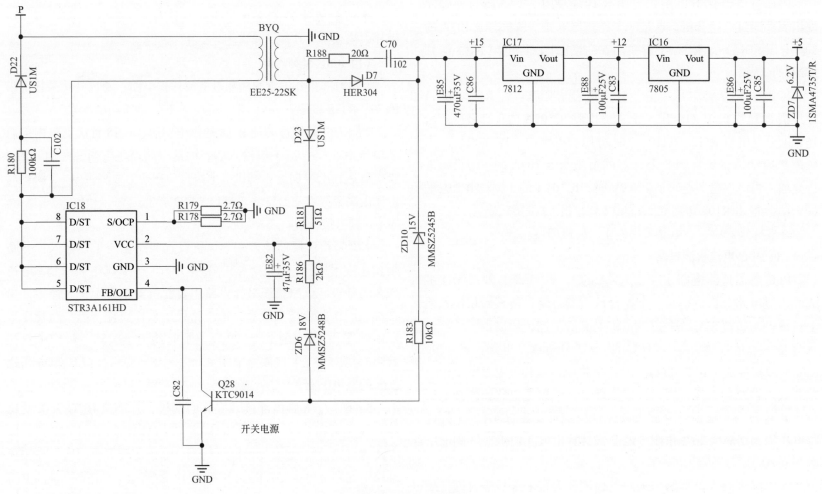

图 4-4　开关电源电路

## （2）振荡原理

电源管理芯片 IC18 的 5、6、7、8 脚得电后内部开关管即按内部固定频率 100kHz 进行开关工作，BYQ 的初级线圈不断地储能和释能，耦合给次级线圈，经整流滤波后供各路负载使用。

## （3）供电产生

BYQ 次级线圈电压经 D7 整流→ E85、C86 滤波，产生稳定的 15V 直流供电，供给变频模块和 PFC 电路使用。

15V 直流供电经 IC17 三端稳压器 7812 稳压→ E88、C83 滤波，产生稳定的 12V 直流供电，供给继电器、电子膨胀阀、反相驱动器等使用。

12V 直流供电经 IC16 三端稳压器 7805 稳压→ E86、C85 滤波，产生稳定的 5V 直流供电，供给 CPU 等电路使用。ZD7 为 6.2V 稳压保护二极管，防止 IC16 稳压失效、输出电压过高引起 CPU 的损坏。

在实际维修中常见某路负载短路引起输出电压偏低的情况，根据经验可以采用打阻法判断问题出在哪路负载，用烧机法查找故障元件。对于该机稳压环路引起的故障，可以采用外加可调电源的方法。以判断 ZD10 稳压采样电路为例，在断电状态，将可调直流稳压电源的正极输出接到 ZD10 的负极，可调电源的负极接地，用万用表电压监控 Q28 的基极对地电压；初次上电将可调电源调到 14V，逐步将电压调到 16V，观察万用表电压变化，正常时应为 0 ～ 0.7V，如果一直不变，则证明 R183 或 ZD10 损坏，更换即可。

## 4.1.4 通信及传感器电路

本节包含内外机通信电路、传感器电路两部分内容，参考图 4-5 进行解说。

### （1）内外机通信电路原理

内外机通信电路的 24V 供电由内机主板通信电路产生。

根据通信规则，当室外机发送信号时，室内机 CPU 控制信号发送引脚保持输出 5V 高电平，控制室内机发送光耦 4-3 脚饱和导通，内机 CPU 接收引脚处于默认低电平 0（0V）待机状态。

此时，整个通信环路受室外机发送光耦 PC2 的 4-3 脚的控制。当室外机 CPU（IC2C）的 41 脚发送高电平 1（5V）时，5V 高电平电压经 R151 限流，送到光耦 PC2 的 1-2 脚，对地形成电流回路。PC2 的 1-2 脚产生约 1.1V 压降，内部发光管发光，驱动 4-3 脚饱和导通。

内机通信电路 24V 供电经内机发送光耦的 4-3 脚→内机接收光耦的 1-2 脚→内机通信环路分压电阻→通信线 S →热敏电阻 TH1 →限流电阻 R158 → D10 → PC2 的 4-3 脚→ PC1 的 1-2 脚→ N（地），形成电流回路。

此时内机接收光耦的 1-2 脚产生约 1.1V 的压降，内部发光二极管发光，驱动接收光耦的 4-3 脚饱和导通，内机接收电路倒相三极管截止→ CPU 接收引脚得到高电平 1（5V）。

当室外机 CPU（IC2C）发送低电平 0（0V）时，默认通信环路短路断开，室内机 CPU 接收到的为默认值低电平 0（0V）。

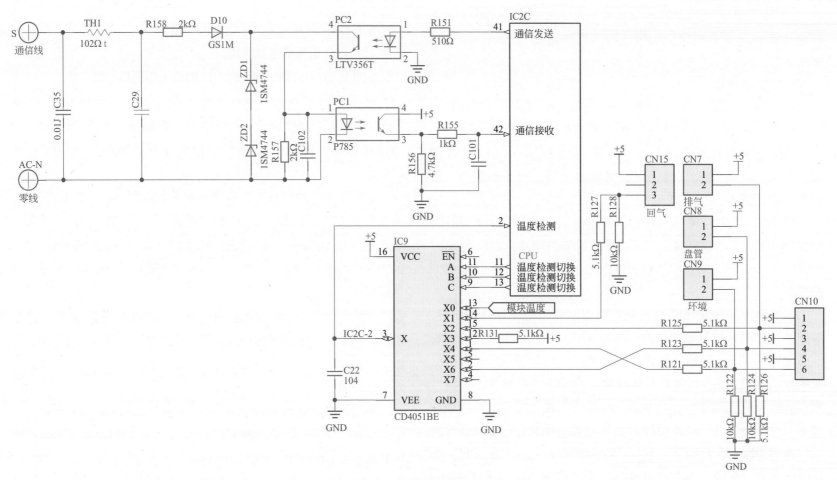

图 4-5　通信及传感器电路

在实际维修中，该电路出现问题后内机主板或检测仪报 E5 故障代码，用厂家检测仪可以快速判断内机主板或外机主板问题，确定问题后再用电压法锁定范围，用电阻法找到坏件。

### （2）传感器电路原理

参考图 4-5，该机传感器电路与传统传感器电路有所不同，在传感器与 IC2C 之间增加了一个八合一模拟量开关芯片 IC9，该芯片在中央空调主板模拟量采集电路中常见，目的是减少 CPU 进行模拟量数据采集时端口的占用，该芯片可以实现一条数据线 3 脚采集 X0 ~ X7 八路数据功能，数据采集开关切换由 IC9 的 9、10、11 脚在 IC2C 的 13、12、11 脚输出的逻辑电平实现。

IC9 的 13 脚←模块温度采集。

IC9 的 1 脚← R121 ← CN9 ←环境温度传感器，标称阻值 15kΩ，当传感器或该电路出现故障时检测仪报 F6 故障代码。

IC9 的 2 脚← R123 ← CN8 ←盘管温度传感器，标称阻值 20kΩ，当传感器或该电路出现故障时检测仪报 E2 故障代码。

IC9 的 15 脚← R125 ← CN7 ←排气温度传感器，标称阻值 50kΩ，当传感器或该电路出现故障时检测仪报 F4 故障代码。

IC9 的 14 脚← R127 ← CN15 ←回气温度传感器，标称阻值 20kΩ，仅用于带电子膨胀阀的机器，出现故障时检测仪报 FA 故障代码。

### 4.1.5 变频压缩机驱动电路

该机压缩机驱动模块采用 PS219A4，内部集成 6 个 IGBT，具有驱动放大、电流保护、电压保护等功能，参考图 4-6 进行解说。

### （1）IPM 变频模块引脚功能

IPM 变频模块的 2、3、4 脚为 U、V、W 自举升压输入引脚。E3、C7、E2、C6、E1、C5 为自举升压电容。在实际维修中，该电路任何元件漏电或短路都会引起自举升压不足，机器报 F1 故障代码，用打阻法加对比法排查即可。

IPM 的 5、6、7、10、11、12 脚为六路驱动输入引脚，与 CPU（IC2D）的 54、52、50、53、51、49 脚连接。

IPM 的 8 脚、13 脚为内部驱动电路 15V 供电，该点电压过低会引起内部驱动不足，电压过高会引起内部模块损坏，所以外加 24V 稳压二极管 ZD2 作为防高压保护。

IPM 的 14 脚为模块过电流保护电压输出（FO）引脚，正常运行时默认为 3.2V 高电平，当模块内部检测到故障时输出瞬间低电平，同时关断下半桥驱动信号。该引脚通过限流电阻 R30 连接到 IC2D 的 16 脚。

IPM 的 15 脚为硬件过电流保护检测输入引脚。

### （2）硬件过电流保护检测电路

IC8 为一个内置四路比较器专用 IC，硬件过电流保护检测电路主要由 IC8A（LM2901）的 2、4、5 脚及外围元件组成的比较器和三路 U、V、W 相电流采样比较器组成。

IC8 的 5、9、11、7 脚的电压为比较器基准电压，约 0.416V，该电压由 15V 供电经上拉电阻 R7、R6 →下拉电阻 R5 分压产生。

IC8A 的 4 脚电压为比较器采样电压输入端，正常时约为 15V，根据比较器的特性，IC8A 的反相输入端 4 脚电压（15V）大于同相输入端 5 脚电压（14.2V），此时 IC8A 的 2 脚端输出低电平（0V）→ IPM 的 15 脚。

当某种原因引起压缩机 U、V、W 某相电流在采样电阻 R34、R32、R33 上所产生的压降大于 0.417V 时（经计算压缩机相电流为 20.85A），经电阻 R36、R35、R37 送到比较器 IC8 的 10、6、8 脚任意一路，对应的比较器反转，IC8 的 13、1、14 脚输出低电平 0V，加到硬件保护比较器 IC8A 的 4 脚，IC8A 的 2 脚输出高电平（3V）→ IPM 的 15 脚，IPM 关断内部六路驱动，同时通过 IPM 的 14 脚输出瞬间低电平。

**（3）压缩机相电流检测电路**

该机采用 IC1 及外围元件组成的两路差分放大器采集 U、W 两相电流，通过 R13、R15 送到 IC2G 的 1、58 脚。通过电路分析，这是一个差分放大器电路，但其同相输入端上拉供电与传统差分放大器上拉供电有所不同，所以很容易被误认为是一个运算放大器。以 U 相电流检测电路为例，将 R3、R4 转换成上拉 5kΩ 电阻 2.5V 供电，该电路就跟传统差分放大器结构一样。

在实际维修中，该电路出现问题，检测仪头报 F1 故障代码，采用电压法、电阻法即可判定故障元件，修复即可。

**4.1.6  三线直流风机驱动电路**

该机三线直流风机驱动电路包含驱动芯片 IC301、驱动模块

IC10，参考图 4-7 对其工作原理和检修技巧进行解说。

**（1）母线电压检测电路**

300V 直流供电经过电阻 R45、R46、R47 分压后产生母线检测电压，分两路：一路经电阻 R46 送到 IC2K 的 3 脚；另一路经电阻 R309 送到 IC301 的 3 脚。

**（2）驱动芯片 IC301 电路**

该机直流电机驱动芯片 IC301 采用东芝公司的 TMPM375 FSDMG 芯片设计，专门用于驱动控制三线直流电机。

IC301 的 2 脚通过外围元件连接到 IC2K 的 18 脚，用于接收 IC2K 发来的运行指令。

IC301 的 21 脚通过电阻 R332、R201 与 IC2K 的 15 脚相连，用于传送电机运行数据反馈给 IC2K。

IC301 的 5 脚为相电流检测引脚，外接以 IC306 为核心组成的风机相电流检测电路。

IC301 的 8、9、10、11、12、13 脚为六路驱动信号输出，直接接到 IC10 的 15、9、14、8、13、7 脚，经内部驱动放大后控制 6 个 IGBT 开关工作，逆变出三相直流电控制电机做功。

IC301 的 14 脚为模块保护检测输入，通过电阻 R309 接到 IC10 的 4 脚。

**（3）IC10 驱动模块引脚功能**

IC10 的 17 脚、5 脚外接 15V 直流供电，为内部上下半桥 IGBT 驱动放大电路提供供电。模块内部具有欠压保护功能，当供电电压低于一定值时自动关断 6 路 IGBT 输出，同时控制 4 脚输出电压反转，经 R309 送达 IC301 报 F0 故障代码。

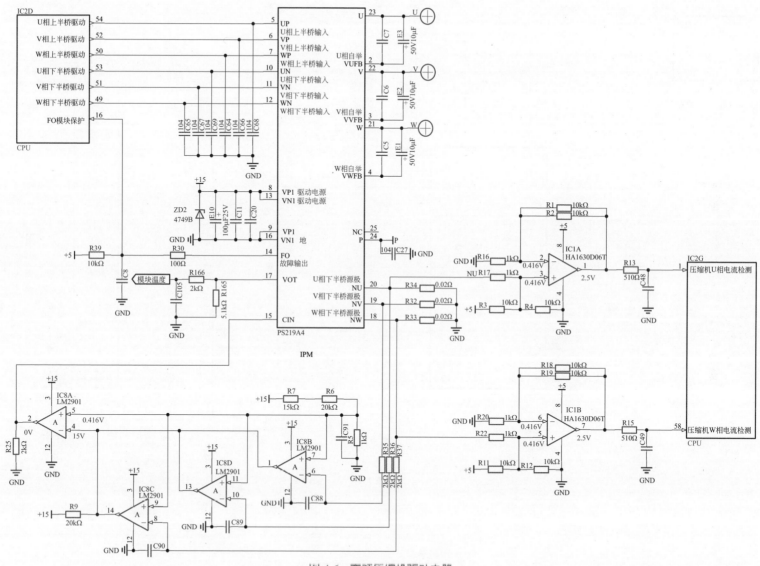

图 4-6　变频压缩机驱动电路

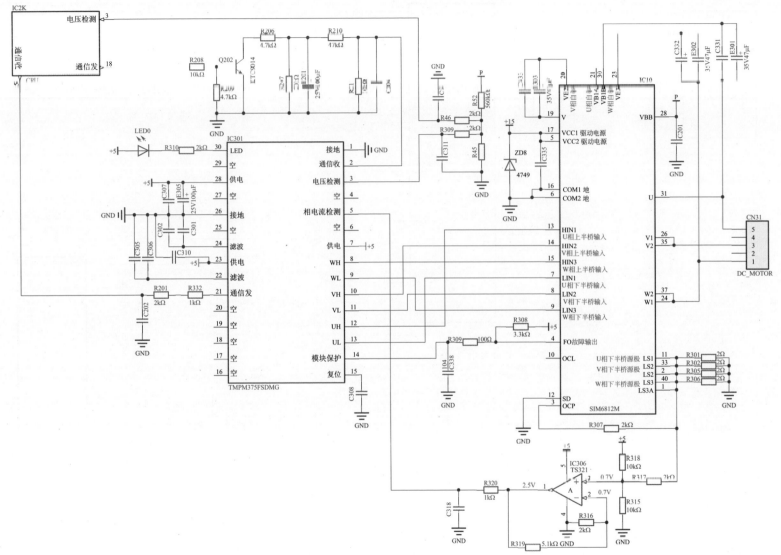

图 4-7　三线直流风机驱动电路

IC10 的 30、20、23 脚接 U、V、W 上半桥驱动自举升压电路，通过电容器 E301、C331、E303、C333、E302、C332 接到 IC10 的 U、V、W 输出端。当 U、V、W 输出的三相电压升高时 IC10 的 30、20、23 脚电压也随之升高，保障上半桥内部 IGBT 的 G-S 之间正向偏压永远大于 15V。在实际维修中常见某个自举升压电容容量失效或短路引起模块内部上半桥功率管 S 极电压大于或等于 G 极电压而反偏截止，风机运行异常报 F0 故障代码。

IC10 的 3 脚为电流检测，通过电阻 R307 接到采样电阻上端，当该点电压大于 0.5V 时内部过电流保护电路动作，关闭六路驱动信号，同时 4 脚输出反转信号电压。

**（4）相电流检测电路**

由 IC306 及外围元件组成相电流检测电路，根据电路分析，这是一个同相放大器。

在实际维修中，该电路出现问题引起风机不转报 F0 故障代码时，用电压法锁定故障范围，用电阻法、对比法找到坏件修复即可。

### 4.1.7 CPU 及其他电路

本节包含 CPU 工作三要素电路、存储器电路、LED 指示灯电路、拨码开关电路、交流电压检测电路，参考图 4-8 进行解说。

**（1）CPU 工作三要素电路**

① 供电。IC2 的 9、26 脚为芯片 5V 供电。

② 复位。IC2 的 5 脚为低电平复位输入引脚，通过外接元件 C15、R29 实现。

③ 晶振。IC2 的 6、7 脚为晶振输入引脚，通过外接 X1 晶体实现。

**（2）存储器电路**

IC2 的 45、46 脚通过电阻 R97、R98 与存储器 IC6 的 6、5 脚连接，R95、R96 为上拉电阻。当该电路元件出现故障后机器报 F9 故障代码。用电阻法排查 R95、R96、R97、R98 即可找到故障元件，如果都正常，则代换或重新烧写 IC6 数据即可。

**（3）LED 指示灯电路**

IC2 的 37 脚通过电阻 R91 驱动 LED3 工作。

IC2 的 38 脚通过电阻 R90 驱动 LED2 工作。

IC2 的 39 脚通过电阻 R89 驱动 LED1 工作。

**（4）拨码开关电路**

IC2 的 40、36、34、35 脚外接拨码开关 JP1 的 1、2、3、4 号引脚，对应引脚全部接地，通过这 4 组开关的不同组合可以实现不同压缩机型号的数据匹配。譬如开关全部拨到 0000 位置对应匹配的压缩机型号为：DA89X1-20FZ。

IC2 的 33 脚接到 JP1 的 5 号拨码开关，该开关可选择有无回气温度传感器，0 代表有，1 代表无，有电子膨胀阀的机器选择有，没有的选择无。

IC2 的 23 脚接到 JP1 的 6 号拨码开关，该开关是风机的选择，0 代表直流风机，1 代表交流风机。

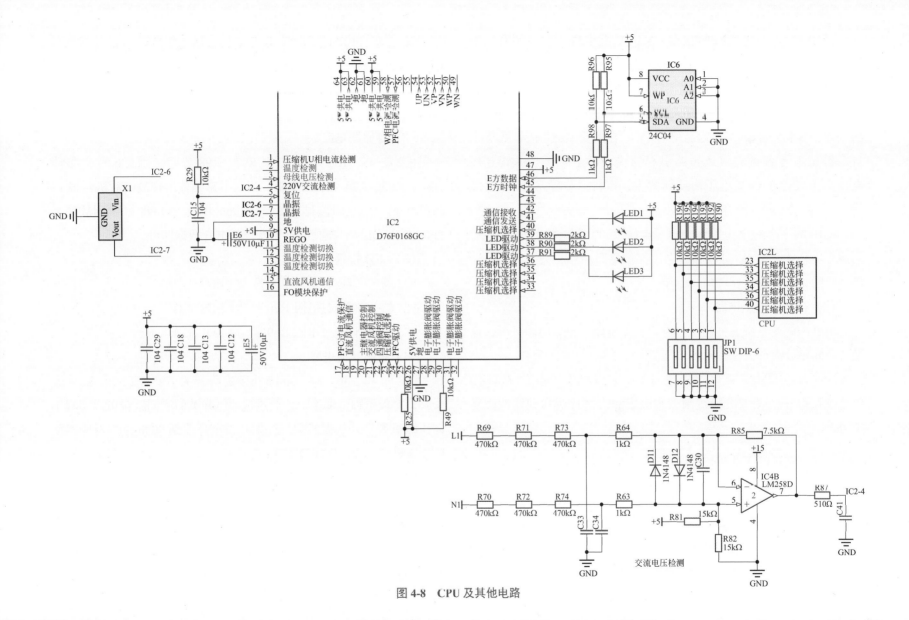

图 4-8　CPU 及其他电路

**（5）交流电压检测电路**

　　IC2 的 4 脚通过限流电阻 R87 外接由 IC4B 的 5、6、7 脚及外围元件组成的交流电压检测电路。根据电路分析，这是一个差分放大器电路。在实际维修中该电路出现问题报 F24 故障代码，用电阻法、电压法即可锁定故障元件修复机器。

## 4.2 海尔挂式变频 V13070 主板与 V82329 模块板电路

　　海尔这款双板组合外机主板是一款经典机型，具有一定的代表性，市场保有量较大，无论是挂式机还是柜式机，其电路结构类同，图 4-9 为 V13070 主板，图 4-10 为 V82329 模块板实物。

图 4-9　V13070 主板

图 4-10　V82329 模块板

**交流滤波、软启动、电子膨胀阀驱动、四通阀驱动、传感器电路**

本节包含交流滤波电路、软启动电路、电子膨胀阀驱动电路、四通阀驱动电路、传感器电路等，参考图 4-11 进行解说。

**（1）交流滤波电路**

220V 交流市电经外机接线排 AC-L、AC-N 送到外机主板。

AC-N 零线通过 CN1 接线端子→主板铜箔→扼流圈 L1→扼流圈 L2→AC-N OUT CN8 端子，通过蓝色连接线接到模块板接插端子 AC-N CN9（图 4-12），送入整流桥输入端。

AC-L 火线通过 CN2 接线端子→主板铜箔→熔断器 FUSE1→压敏电阻 RV4→CX1、CX2、CX3、L1、L2、R1、R2 组成的交流滤波电路滤波→压敏电阻 RV1，送到由 PTC1、K1 组成的软启动电路。

**（2）软启动电路**

首次上电 K1 不吸合，触点断开处于等待状态，AC-L 火线经过 PTC1→AC-L OUT CN9 端子，通过棕色连接线接到模块板接插端子 AC-L CN8（图 4-12），送入整流桥输入端，经整流桥 BG1 整流→外置电抗器→续流二极管 D207，再经 CN1（P）端子连接线返回主板 CN26（图 4-13），给大滤波电容 E1、E2 进行充电；当电压充到 260V 以上时，IC5C 的 64 脚输出高电平（5V），经限流电阻 R68 由反相驱动器 IC7 的 3 脚输入，14 脚输出低电平（0V），外机上电继电器 K1 的控制线圈上产生 12V 压降，K1 的触点吸合，将 PTC1 短路，实现软启动目的。

CN3 接地线经主板铜箔→防雷击放电管 SA1 与压敏电阻 RV3、RV2 串联，CY1、CY2、CY3、CY4 为滤波抗干扰电容。

**（3）电子膨胀阀驱动电路**

IC5C 的 1、2、4、5 脚根据控制时序输出高电平信号，经限流电阻 R69、R70、R71、R72 送到反相驱动器 IC7 的 4、5、6、7 脚输入，经内部处理后由 13、12、11、10 脚输出相应逻辑的低电平信号，控制电子膨胀阀相应线圈得电，吸引阀针正向或反向运动。

**（4）四通阀驱动电路**

当外机 CPU 接收到制热运行指令后 IC5C 的 58 脚输出高电平（5V），经限流电阻 R66 送到反相驱动器 IC7 的 1 脚，经 IC7 内部处理后 16 脚输出低电平（0V），K2 线圈上产生 12V 压降，K2 继电器触点吸合，L1 通过 K2 继电器触点→CN10 加到四通阀线圈上。

**（5）传感器电路**

5V 供电经 CN20 的 6 脚→50kΩ 排气温度传感器→CN20 的 5 脚→R83，送到 IC5C 的 51 脚，该电路故障时，报 F4 代码，外机主板红灯闪 8 次。

5V 供电经 CN20 的 4 脚→10kΩ 除霜温度传感器→CN20 的 3 脚→R79，送到 IC5C 的 53 脚，该电路故障时，报 F21 代码，外机主板红灯闪 10 次。

5V 供电经 CN20 的 2 脚→15kΩ 环境温度传感器→CN20 的 1 脚→R77，送到 IC5C 的 54 脚，该电路故障时，报 F6 代码，外机主板红灯闪 12 次。

5V 供电经 CN18 的 2 脚→10kΩ 吸气温度传感器→CN18 的 1 脚→R81，送到 IC5C 的 52 脚，该电路故障时，报 F7 代码，外机主板红灯闪 11 次。

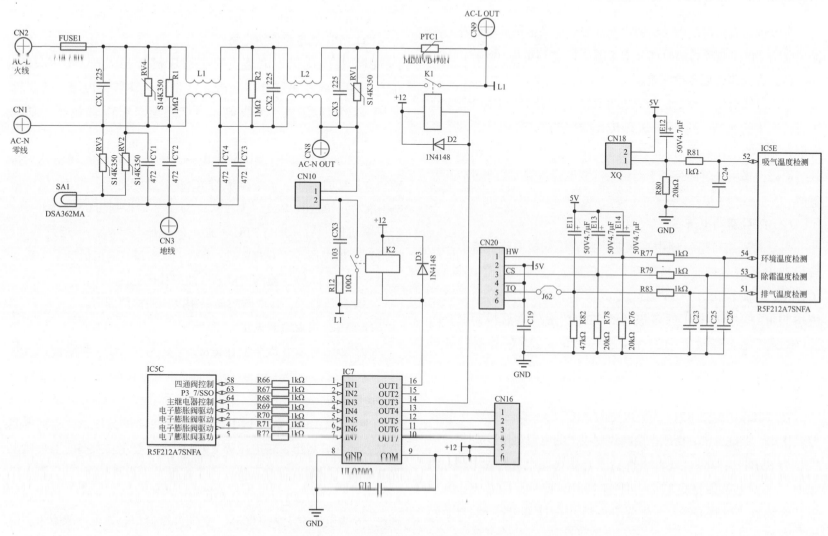

图 4-11　交流滤波、电子膨胀阀驱动、四通阀驱动、软启动、传感器电路

## 4.2.2 PFC 功率因数校正电路

本节包含直流母线电压检测电路、PFC 驱动电路、PFC 过电流保护电路、PFC 电流检测电路，参考图 4-12 进行解说。

**(1) 直流母线电压检测电路**

直流母线电压 P 经上拉分压电阻 R228、下拉分压电阻 R229 分压后，产生约 3.2V 的电压→送到 IC1A 的 52 脚，经内部逻辑运算得出直流母线电压参考值。在实际维修中，该电路可以采用电压法判断检修，采用电阻法时由于受到大滤波电容影响无法测量准确电阻值。

**(2) PFC 驱动电路**

当变频压缩机运行到中高频时，随着压缩机电流的增加，直流母线电压开始降低，当降到一定值时，达到 PFC 启动阈值。IC1A 的 23 脚输出 0～5V 几十千赫兹的 PWM 开关信号，经限流电阻 R224 送到 TR1 的基极，经 TR1 功率放大后控制 IC7 的 2-3 脚内部发光管做功，IC7 的 6 脚输出 0～15V 的控制信号→R214，送到 IGBT 的控制极，使 IGBT 工作在 CPU 的驱动控制频率下。

在该电路中电阻 R215 为放电电阻，IC7 的 5 脚内接 MOS 管起放电作用，保证 IGBT 在截止期间控制极上的电荷迅速泄放掉。

当 IGBT 导通时，外置电抗器上开始存储电能，当 IGBT 截止时，外置电抗器上存储的电能与 100Hz 脉动直流电进行叠加后，经续流二极管 D207 一并给图 4-13 中的滤波电容 E1、E2 充电，起到升压的目的。

在实际维修中，该电路出现问题会引起 PFC 不工作或烧 IGBT 等，采用打阻法、电阻法将该电路元件全部排查一遍即可。

**(3) PFC 过电流保护电路**

PFC 过电流保护电路主要由模块板 IC5B 的 5、6、7 脚与外围元件组成。通过电路分析，这是一个比较器电路，待机时 IC5B 的 5 脚电压大于 6 脚电压→7 脚输出 4.5V 高电平→送到 IC1A 的 21 脚。

IC5B 的 6 脚电压：由 5V 供电→经电阻 R217、R218 分压后得到约 0.37V 的电压。正常待机时 IC5B 的 5 脚电压：由 5V 供电经电阻 R219、R220、R221、R226、RS1 分压后得到约 0.94V 的电压。当压缩机启动后，来自 PFC 采样点的负压与 5 脚正压进行叠加，当该点叠加电压小于 0.37V 时，1 脚（图 4-16）输出低电平（0V），送到 IC1C 的 11 脚，检测仪报 F03 故障代码。

在实际维修中，该电路故障采用电压法检修即可。

**(4) PFC 电流检测电路**

PFC 电流检测电路主要由 IC6B 的 5、6、7 脚与外围元件组成，通过电路分析，这是一个差分放大器电路。IC6A 的 1、2、3 脚及外围电路组成一个跟随器，为差分放大器提供上拉供电。该供电压取决于 IC6A 的 3 脚外接电阻 R212、R211 的分压值，根据电阻串联公式计算得出 3 脚电压为 0.495V→该差分放大器的上拉供电为 0.495V。根据差分放大器计算公式得出待机时 IC6B 的 7 脚电压约为 0.49V，根据电阻串联公式算出 5 脚电压为 0.063V，根据虚短理论，6 脚电压也应为 0.063V。在实际维修中，该电路故障采用电压法检修即可。

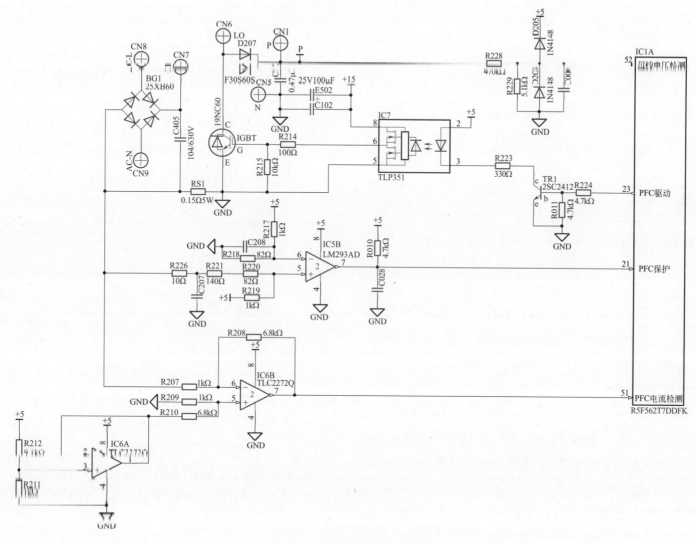

图 4-12　PFC 功率因数校正电路

### 4.2.3 开关电源电路

该机电源管理芯片 IC1 采用 NCP1200P100，参考图 4-13 对其引脚功能、工作原理、检修技巧进行解说。

**(1) 电源管理 IC NCP1200P100 引脚功能**

1 脚内接峰值电流调整比较器，外部通过 R25 接地。

2 脚为稳压反馈控制引脚，外接反馈控制光耦 IC2、电容 C4。

3 脚为 M1 功率管电流采样输入端。4 脚接地。

5 脚为 100Hz 开关管激励脉冲输出，直接接到 M1 的 G 极。

6 脚外接 IC1 供电滤波电容 E3，在实际维修中，E3 为易损元件，容量变小或失效后引起电源工作输出电压低，内机报通信故障 E7。

8 脚为 IC1 供电输入端外接 ← R24 ← ZD1 ← P 300V 供电。该路供电直接通过 IC1 内部处理给 6 脚外接电容器 E3 充电，在 E3 上产生约 10～12V 直流电压，供 IC1 内部电路使用。

**(2) 振荡原理**

300V 直流电压 P 经 T1 初级线圈 → MOS 管 M1 的漏极。在 IC1 的 5 脚输出的振荡脉冲激励下，开关管不断地导通和截止，开关变压器 T1 初级线圈上不断地储能和释能，次级线圈感应电压经整流滤波后供给负载使用。

T1 次级线圈电压经 D8 整流 → E7、C8 滤波，产生 12V 直流供电，供给继电器、反相驱动器、电子膨胀阀等电路使用。

12V 直流供电 → IC4 三端稳压器 7805 → E8、C9 滤波，产生稳定的 5V 直流供电，供给主板 CPU 等电路使用。

T1 次级线圈电压经 D9 整流 → E4、C6 滤波，产生 15V 直流供电，供给变频模块、直流风机等电路使用。

T1 次级线圈电压经 D7 整流 → E5 滤波，产生 5V 直流供电，分为两路：一路供给稳压电路使用，另一路经 L3、E6、C7 滤波后供给稳压采样电路和模块板使用。该电路中 R20、R21 为负载电阻。

**(3) 稳压原理**

IC3 外形像一个三极管，事实上它是一个内置 2.5V 基准电压的比较器。当开关电源输出的 +5V 供电电压升高时，通过电阻 R28、R32 分压得到的基准电压也随之升高，当高于 2.5V 时 IC3 内部比较器动作：5V 供电经 R29 → IC2 的 1-2 脚 → K-A 导通 → 地，形成回路。此时 IC2 的 1-2 脚内部发光二极管发光，4-3 脚导通 → R90，IC1 内部激励脉冲截止，输出电压降低，实现稳压目的。当开关电源输出的 +5V 供电低于设定值时，稳压环路不动作，IC1 内部振荡电路控制 M1 以 100kHz 频率工作。

在实际维修中，R29、R28 电阻变大或开路会引起稳压失控，可以用电阻法进行稳压环路电阻的排查，找到坏件更换即可。

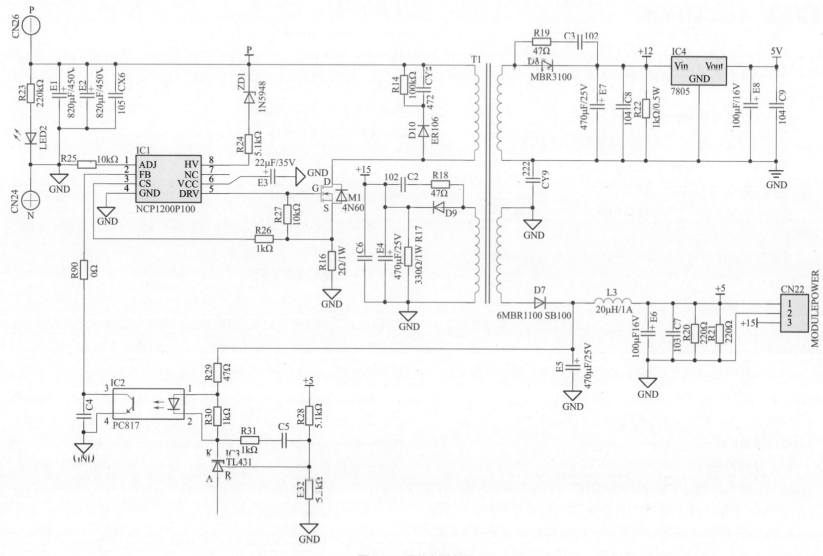

图 4-13 开关电源电路

## 4.2.4 主板 CPU 电路

该机主板 CPU（IC5）采用 64 脚 R5F212A7SNFA 芯片，参考图 4-14 对其工作三要素、存储器、功能测试、拨码开关等电路进行解说。

**(1) CPU 工作三要素电路**

① 供电。IC5 的 10、61、62 脚为芯片 5V 供电。

② 复位。IC5 的 6 脚为低电平复位输入引脚，通过外接元件 C11、R61、R62、P2、R59、R60 实现。

③ 晶振。IC5 的 7、9 脚为晶振输入引脚，通过外接元件 XT1 实现。

在实际维修中判断晶振是否正常的方法有以下几种。

电压法：用万用表电压挡分别测量晶振两端对地电压，电压差为 0.2V 初步判断晶振正常。

频率法：用万用表频率挡测试 XT1 两端对地频率，观察是否与标称频率一致即可判断该电路是否正常。

示波法：用示波器直接检测 XT1 两端对地波形，观察是否与标称频率一致即可判断该电路是否正常。

代换法：如果检测晶振电路不启振，可以采用代换法更换一个同型号晶振进行试机。

**(2) 存储器电路**

IC5 的 29、30 脚通过电阻 R63、铜箔与存储器 IC6 的 5、6 脚连接，R65、R64 为上拉电阻。当该电路元件出现故障后检测仪报 F01 故障代码，故障红灯闪 1 次。用电阻法排查 R63、R65、R64 即可找到故障元件，如果都正常，则代换或重新烧写 IC6 数

据即可。

**(3) 功能测试电路**

IC5 的 41、22、23、24 脚通过外围元件 R56、R57、R58、CN30、TEST/SS 组成功能测试电路，通过外接小板或干预法无需内机单独启动测试外机使用。

**(4) 拨码开关电路**

IC5 的 55、56 脚外接拨码开关 SW1。

## 4.2.5 通信电路

本节通信电路包含内外机通信电路、主板与模块板通信电路两部分内容，参考图 4-15 进行解说。

**(1) 内外机通信电路**

① 通信供电的产生　参考图 4-15（a），CN2 火线经分压电阻 R3 降压后，再经整流二极管 D1 整流→ E10 滤波，产生（通信正常时）80V 左右（通信中断时 140V 左右）的直流电压供给内外机通信电路使用。

在该电路中，R14、R15、R16 为负载电阻，由于未设计稳压二极管，所以通信供电电压在通信负载正常和中断时会产生较大的变化，在路实测内外机通信正常时通信供电电压为 80V 左右，将送往内机的通信线拔下（通信中断）时测量通信供电电压为 140V 左右。

由此推断当内机报 E7 通信故障时外机主板 LED1 灯闪 15 次，通过测量通信电压可以初步判断故障是在内机主板还是在外机主板。

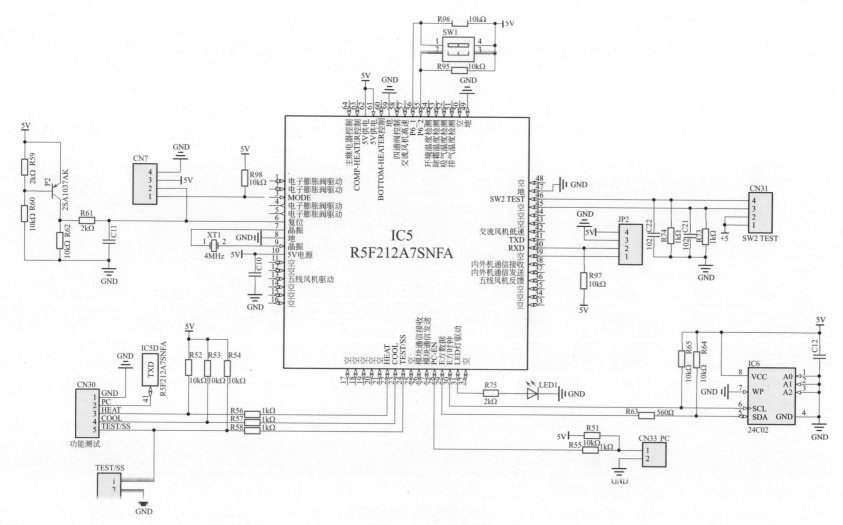

图 4-14 主板 CPU 电路

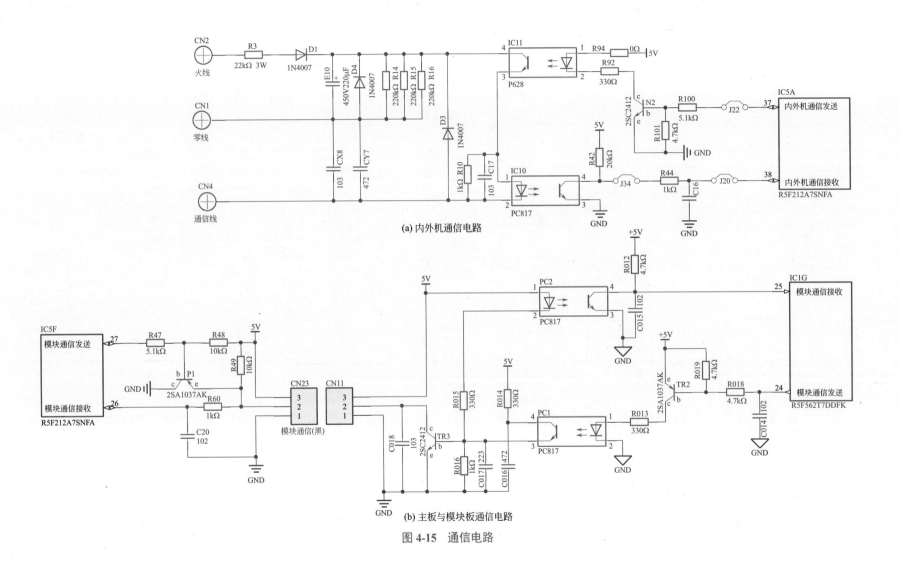

(a) 内外机通信电路

(b) 主板与模块板通信电路

图4-15 通信电路

② 外机信号发送流程　参考图 4-15（a），根据通信规则，当室外机发送信号时，室内机 CPU 控制信号发送引脚保持输出 5V 高电平，控制室内机发送光耦 4-3 脚饱和导通，打通通信回路，内机 CPU 接收引脚处于默认高电平 1（5V）待机状态。

此时，整个通信环路受到室外机发送光耦 IC11 的 4-3 脚的控制。当室外机 CPU（IC5A）的 37 脚发送高电平 1（5V）时，通过电阻 R100 送到三极管 N2 的基极，N2 集电极与发射极之间处于饱和导通状态。

5V 供电经限流电阻 R94 → 光耦 IC11 的 1-2 脚 → N2 的 c-e 结，对地形成电流回路。IC11 的 1-2 脚产生约 1.1V 压降，内部发光管发光，驱动 4-3 脚饱和导通。

通信供电经 IC11 的 4-3 脚 → IC10 的 1-2 脚 → CN4 通信线 → 室内机通信电路 → 零线 CN1，形成电流回路。

此时内机接收光耦的 1-2 脚产生约 1.1V 的压降，内部发光二极管发光，驱动接收光耦的 4-3 脚饱和导通，CPU 接收引脚得到低电平 0（0V）。

当室外机 CPU（IC5A）发送低电平 0（0V）时，默认通信环路短路断开，室内机 CPU 接收到的为默认值高电平 1（5V）。

**（2）主板与模块板通信电路**

参考图 4-15（b），主板与模块板通信电路与内外机通信电路原理类同，都是采用单通道数据传输，所以通信收发流程不再重复，重点探讨检修技巧。当该电路出现故障时，机器外机主板故障灯闪 4 次，检测仪显示 F04，可以采用电压法、电阻法、打阻法、顶换法进行综合检修判断。

## 4.2.6 变频压缩机驱动电路

直流变频压缩机驱动电路以 PM1 驱动模块 PS219A4 为核心，结合 CPU 六路驱动、供电、自举升压、电路硬件保护、压缩机过电流保护、模块保护、压缩机相电流检测电路等构成，参考图 4-16 对其工作原理和检修技巧进行解说。

**（1）CPU 六路驱动电路**

PM1 的 5、6、7、10、11、12 脚为六路驱动控制输入引脚，受 IC1C 的 35、34、33、38、37、36 引脚驱动信号控制。

**（2）供电电路**

PM1 的 8、13 脚外接 15V 直流供电，为内部上、下半桥 IGBT 驱动放大电路供电。

PM1 的 24 脚为直流母线电压 320V 供电输入。

**（3）自举升压电路**

PM1 的 2、3、4 脚接 U、V、W 上半桥驱动自举升压电路。电容器 E412、C036、E411、C034、E410、C032 为自举升压电容。在实际维修中常见某个自举升压电容容量失效或短路引起模块内部上半桥功率管 S 极电压大于或等于 G 极电压而反偏截止，引起压缩机运行异常，报模块保护故障。

**（4）电路硬件保护电路**

PM1 的 15 脚为电流检测硬件保护输入，通过 R213 直接接到采样电阻 R82 上端，当该点电压大于 0.5V 时内部过电流保护电路动作，关闭六路驱动信号，同时 14 脚输出反转信号电压。

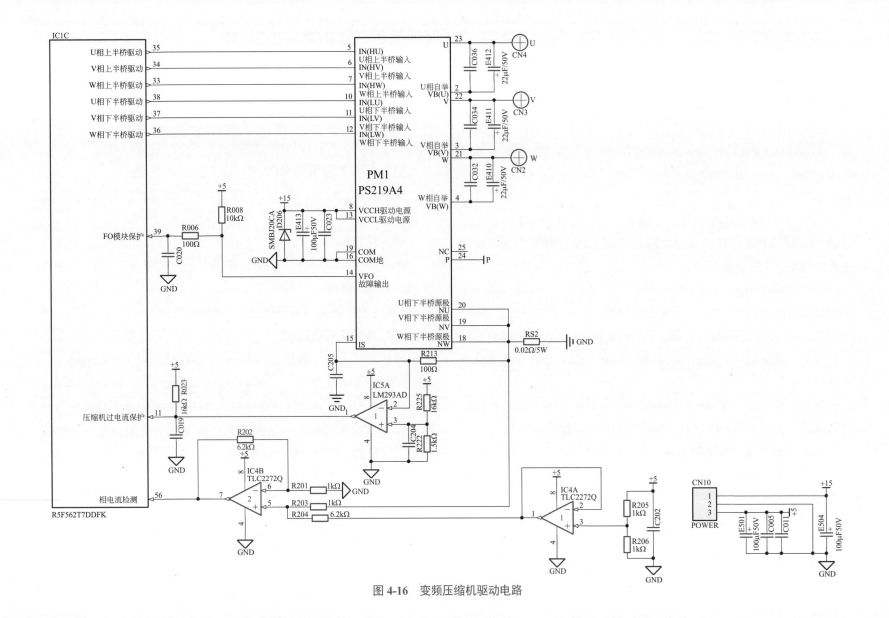

图 4-16　变频压缩机驱动电路

## （5）模块保护电路

PM1 的 14 脚为内部检测模块保护输出，正常工作时该引脚输出高电平（3.3V），当内部检测到模块过电流、高温等异常情况时输出瞬间低电平（0V），同时切断六路 IGBT 的驱动信号，经 R006 送到 CPU（IC1C）的 39 脚。

## （6）压缩机过电流保护电路

IC5A 的 1、2、3 脚及外围元件组成压缩机过电流保护电路。通过电路分析，这是一个比较器电路。IC5A 的 3 脚外接电阻 R225、R222 分压后得到 0.428V 参考电压。当某种原因导致压缩机电流大于 21.5A 时，在采样电阻 RS2 上产生 0.43V 压降，经电阻 R213 加到 IC5A 的 2 脚；此时 IC5A 的 2 脚电压大于 3 脚电压，1 脚输出低电平，送到 IC1C 的 11 脚，IC1C 关断压缩机驱动信号，主板故障灯闪 24 次。

## （7）压缩机相电流检测电路

压缩机相电流检测电路由 IC4B 的 5、6、7 脚及外围元件组成，该电路是一个差分放大器。IC4A 的 1、2、3 脚及外围电路是一个跟随器，为相电流检测差分放大器提供上拉 2.5V 供电。该电路出现问题时主板故障灯闪 19 次，用电压法即可判定故障元件。

### 4.2.7 模块板 CPU 及其他、主板五线直流风机电路

本节包含模块板 CPU 及其他电路（如图 4-17 所示）和主板五线直流风机电路（如图 4-18 所示），对其工作原理及检修技巧进行解说。

## （1）CPU 工作三要素

① 供电。IC1 的 2、10、42、57、58 脚为芯片 5V 供电。

② 复位。IC1 的 6 脚为低电平复位输入引脚，通过外接元件 C103、E001、R022、R011、TR4、R024、R026 实现。

③ 晶振。IC1 的 7、9 脚为晶振输入引脚，通过外接元件 X1 实现。

在实际维修中判断晶振是否正常的方法有以下几种。

电压法：用万用表电压挡分别测量晶振两端对地电压，电压差为 0.2V 初步判断晶振正常。

频率法：用万用表频率挡测试 X1 两端对地频率，观察是否与标称频率一致即可判断该电路是否正常。

示波法：用示波器直接检测 X1 两端对地波形，观察是否与标称频率一致即可判断该电路是否正常。

代换法：如果检测晶振电路不启振，可以采用代换法更换一个同型号晶振进行试机。

## （2）存储器电路

IC1 的 46、47 脚通过电阻 R027、铜箔与存储器 IC3 的 5、6 脚连接，R107、R005 为上拉电阻。当该电路元件出现故障后检测仪报 F04 故障代码，故障红灯闪 4 次。用电阻法排查 R027、R107、R005 即可找到故障元件。如果都正常，则代换或重新烧写 IC3 数据即可。

## （3）程序烧写电路

IC1 的 1、4、5、6、12、13、14、15、16 脚通过外围元件 R009、R020、R021、R231、R004、R025、R002 组成程序烧写电路，通过外接编程器连接电脑烧写 CPU 程序。

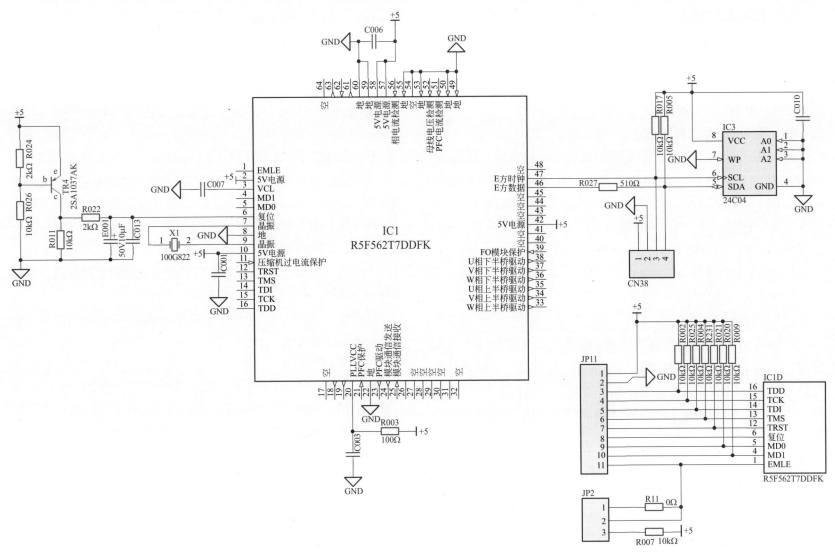

图 4-17  模块板 CPU 及其他电路

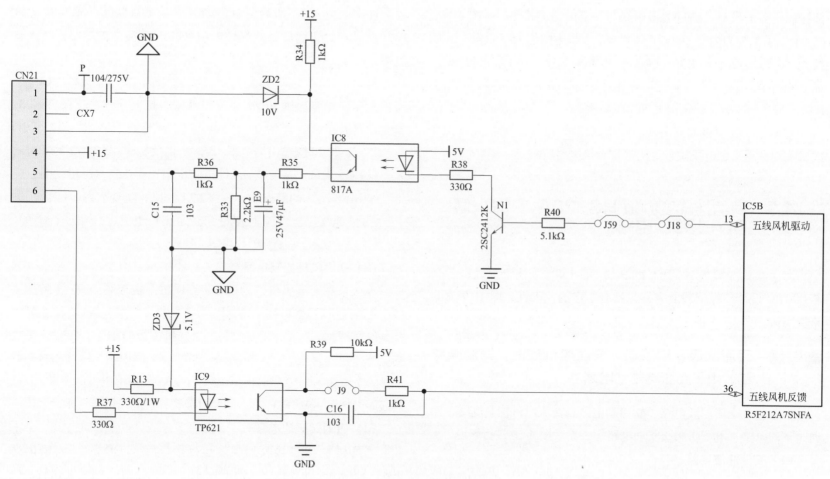

图 4-18　主板五线直流风机电路

**（4）主板五线直流风机电路**

五线直流风机将变频电机驱动板安装在电机内部，简化了外部控制电路的设计，通过五根引线与外部电路连接。参考图4-18，CN21端子1脚为内部300V直流供电，4脚为内部15V供电，3脚接地，5脚接收来自R36 ← R35 ← IC8 ← R38 ← N1 ← R40 ← 主板IC5B的13脚发来的电机运行指令，6脚将电机转速信号通过R37 → IC9 → R41，传送给IC5B的36脚。

在实际维修中该部分出现故障检测仪报F09，主板故障灯闪9次，采用电阻法、电压法、打阻法排查该电路所有元件即可。

## ▶ 4.3  海信挂式变频板 HS-20A-PCB-M-DD-139D 电路

海信挂式变频板HS-20A-PCB-M-DD-139D采用交流风机、双芯片CPU设计，保护功能完善，具有一定的代表性，图4-19为电路板实物。

### 4.3.1  交流滤波、软启动、交流风机控制、四通阀驱动、电子膨胀阀驱动电路

本节包含交流滤波电路、软启动电路、交流风机控制电路、四通阀驱动电路、电子膨胀阀驱动电路等，参考图4-20进行解说。

**（1）交流滤波电路**

火线L通过W60接线端子→熔断器FU1 →压敏电阻RV1 →由C7、L1、C20、L202、C30组成的交流滤波电路滤波→压敏电阻

RV3（图4-21），通过主板铜箔（L2）送入整流桥输入端。

**（2）软启动电路**

首次上电K1不吸合，触点断开处于等待状态。零线N通过W61端子经过正温度系数热敏电阻RT1 →交流滤波电路，送入整流桥输入端。

此时，220V交流电零、火线均到达图4-21的整流桥VC01交流输入端，经整流桥VC01整流→外置电抗器→续流二极管V28，给大滤波电容C07、C09进行充电，当电压充到260V以上时，D3D（主CPU）的20脚输出高电平（5V），由反相驱动器D12的6脚输入，11脚输出低电平（0V），外机上电继电器K1的控制线圈上产生12V压降，K1的触点吸合，将RT1短路，实现软启动目的。

E1接地线经压敏电阻RV2与防雷击放电管V11串联，C103、C9、C23、C22为滤波抗干扰电容。

**（3）交流风机控制电路**

该机采用交流风机，X10为交流风机主板控制插头：1脚外接C80交流风机启动电容器；3脚为交流风机主绕组火线输入；5脚为公共端零线输入，受K3的控制。当外机主板D3D（主CPU）接收到交流风机运行指令后，控制18脚输出5V高电平，由反相驱动器D12的7脚输入，10脚输出低电平（0V），外机上电继电器K3的控制线圈上产生12V压降，K3的触点吸合，交流风机得电开始运转。

**（4）四通阀驱动电路**

当外机主CPU接收到制热运行指令后，D3D的21脚输出高电平（5V），送到反相驱动器D12的5脚，经D12内部处理后，12脚输出低电平（0V），K2线圈上产生12V压降，K2继电器触点吸合，N2通过K2继电器触点→SV插座加到四通阀线圈上。

图 4-19　海信挂式 HS-20A-PCB-M-DD-139D 变频板

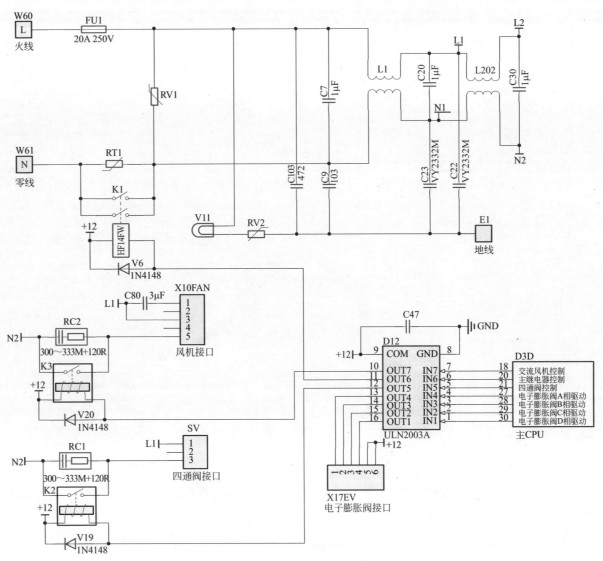

图 4-20　交流滤波、软启动、交流风机控制、四通阀驱动、电子膨胀阀驱动电路

### (5) 电子膨胀阀驱动电路

每次上电 D3D 控制电子膨胀阀自动复位，然后调到 300 步左右中间位置，待命，压缩机运行中根据系统内外机传感器数据微调电子膨胀阀，使其与系统运行匹配，达到最佳制冷制热状态。

D3D 的 27、28、29、30 脚根据控制时序输出高电平信号，送到反相驱动器 D12 的 4、3、2、1 脚输入，经内部处理后由 13、14、15、16 脚输出相应逻辑的低电平信号，控制电子膨胀阀相应线圈得电，吸引阀针正向或反向运动。

在实际维修中，因继电器控制原理类同，均可采用电压法、干预法进行排查。

### 4.3.2　PFC 功率因数校正电路

本节包含直流母线电压检测电路、PFC 驱动电路、PFC 电流检测电路、PFC 过电流保护电路等，参考图 4-21 进行解说。

#### (1) 直流母线电压检测电路

直流母线电压 P 经上拉分压电阻 R6、R4、R3、下拉分压电阻 R1 分压后产生约 3.2V 的电压，送到副 CPU（D2）的 46 脚，经内部逻辑运算出直流母线电压参考值。在该电路中，C1 为滤波电容，V202 为钳位二极管。该电路在实际维修中采用电压法即可找到故障元件。

#### (2) PFC 驱动电路

当变频压缩机工作时，随着压缩机频率电流的增加，直流母线电压开始降低，当降到一定值时，达到 PFC 启动阈值。D2 的 27 脚输出 0 ～ 5V 几十千赫兹的 PWM 开关信号，经限流电阻 R10、R109 送到 V102 的基极，经 V102 功率放大后，控制 B1 的

1-3 脚内部发光管做功，B1 的 5 脚输出 0 ～ 15V 的 PWM 控制信号，经 R11/R103 送到 V30 的控制极，使 V30 工作在 D2 的驱动控制频率下。在该电路中电阻 R106 为放电电阻，B1 的 4 脚内接 MOS 管起放电作用，保证 IGBT 在截止期间控制极上的电荷迅速泄放掉。

在实际维修中，该电路出现问题会引起 PFC 不工作或烧 IGBT 等，采用打阻法、电阻法将该电路元件全部排查一遍即可。

#### (3) PFC 电流检测电路

PFC 电流检测电路主要由 D105A 的 1、2、3 脚与外围元件组成，通过电路分析，这是一个差分放大器电路，但其同相输入端上拉供电与传统差分放大器上拉供电有所不同，所以很容易被误认为是一个运算放大器。可以用拆分法分析这个电路，将 R226、R127 拿掉，转换成上拉 15kΩ 电阻 2.5V 供电，根据差分放大器和电阻串联公式计算得出 D105A 的待机电压：1 脚 2.48V、3 脚 0.416V、4 脚 0.416V。

在实际维修中该电路出现问题会报故障代码 19，采用电压法测量 D105A 的 1、2、3 脚电压，与计算电压比对即可找到故障元件。

#### (4) PFC 过电流保护电路

PFC 过电流保护电路主要由 D106A 的 1、2、3 脚与外围元件组成的比较器和 D106B 的 5、6、7 脚与外围元件组成的比较器构成。

根据比较器特点和电阻串联计算公式计算出正常待机时 D106 的 1 脚电压为 4.9V 高电平，2 脚电压为 1.36V，3 脚电压为 2.72V，D106B 的 7 脚电压为 4.9V，6 脚电压为 2.5V，5 脚电压为 4.9V。

在实际维修中，该电路采用电压法检修即可。

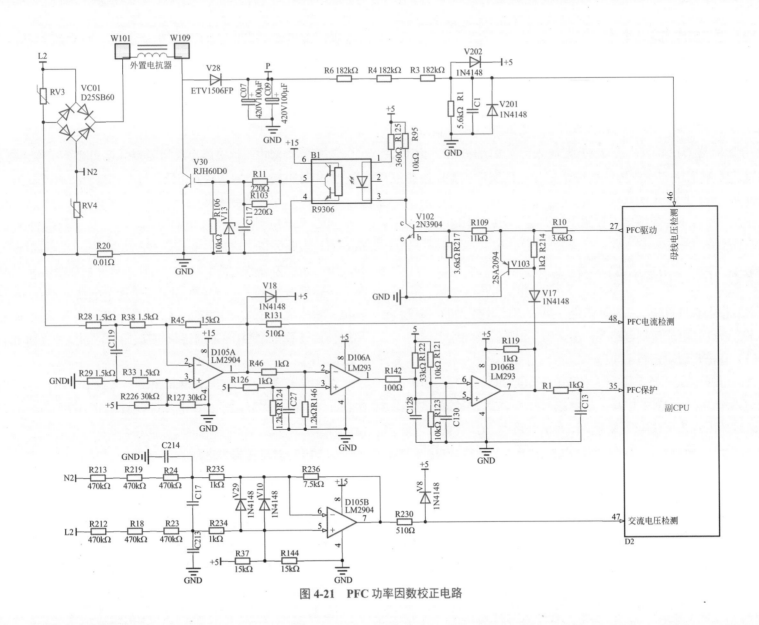

图 4-21　PFC 功率因数校正电路

## （5）交流电压检测电路

该电路是一个差分放大器，由 D105B 的 5、6、7 脚及外围阻容元件组成。该电路采样电压来自 220V 交流市电，经电阻 R213、R219、R24、R235、R212、R18、R23、R234 降压后送入 D105B 的 5、6 脚，经内部差分放大后由 7 脚输出，经 R230 送到 D2 的 47 脚，内部处理后计算出交流电压值，为 PFC 功率因数校正电路提供参考数据。该电路出现故障时采用电阻法、电压法排查即可。

### 4.3.3 开关电源电路

该机电源管理芯片 D1 采用 TNY277P，参考图 4-22 对其引脚功能、振荡原理、供电产生、稳压电路进行解说。

### （1）电源管理 IC TNY277P 引脚功能

1 脚为稳压反馈控制引脚，外接反馈控制光耦 B6。

2 脚为旁路、多功能引脚，该引脚具有多种功能：

① 它是外部旁路电容器的连接点，连接内部产生的 5.85V 电源。

② 它是电流限制值的模式选择器，模式选择取决于添加的电容值。

4 脚内接开关管漏极和启动供电电路，外接 T1 初级线圈和阻尼削峰元件 V13。

5、6、7、8 脚接地。

### （2）振荡原理

300V 直流电压 P 经 T1 初级线圈→ D1 的 4 脚→内部自建供电系统，振荡电路开始工作，驱动内部开关管不断地导通和截止，开关变压器 T1 初级线圈上不断地储能和释能，次级线圈感应电压经整流滤波后供给负载使用。

### （3）供电产生

T1 次级线圈电压经 V14 整流、C011 滤波，产生 12V 直流供电，供给继电器、反相驱动器、电子膨胀阀等电路使用。

T1 次级线圈电压经 V15 整流、C102 滤波，产生 5V 直流供电，分为两路：一路供给稳压电路使用，另一路经 L3、C103 滤波后产生 +5V 电压供给稳压采样电路和负载使用。+5V 供电经限流电阻 R8，C51、C018、C4 滤波，产生 5V 直流供电供给负载使用。

T1 次级线圈电压经 V16 整流、C104 滤波→三端稳压器 D5 稳压，产生 +15V 直流供电，供给变频模块等电路使用。

### （4）稳压电路

U7 从外形看像一个三极管，事实上它是一个内置 2.5V 基准电压的比较器。当开关电源输出的 +5V 供电升高时，通过电阻 R41、R43 分压得到的基准电压也随之升高，当高于 2.5V 时 U7 内部比较器动作：5V 供电经 R72 → B6 的 1-2 脚→ K-A 导通→地，形成电流回路。此时 B6 的 1-2 脚内部发光二极管发光，4-3 脚导通，D1 内部激励脉冲截止，输出电压降低，实现稳压目的。当开关电源输出的 +5V 供电低于设定值时，稳压环路不动作，D1 内部振荡电路控制标准频率工作。

在实际维修中，R72、R41 电阻变大或开路会引起稳压失控，可以用电阻法进行稳压环路电阻的排查，找到坏件更换即可。

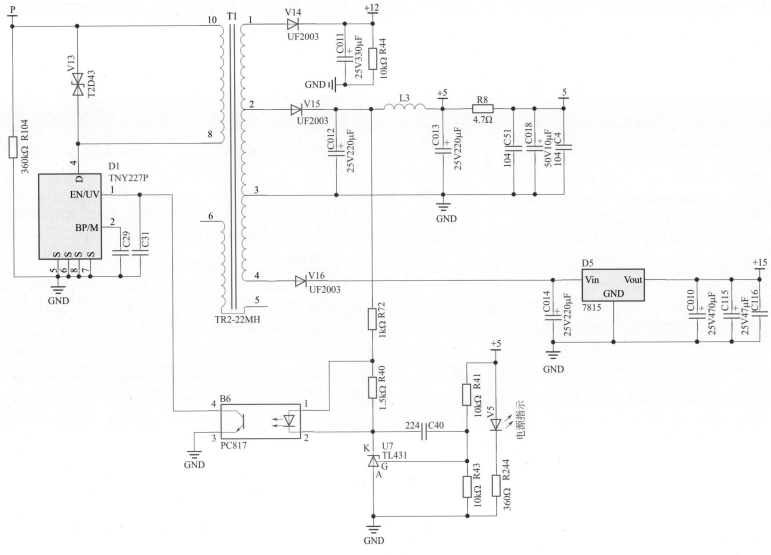

图 4-22　开关电源电路

### 4.3.4 通信及传感器电路

本节包含内外机通信电路、传感器电路两部分内容，参考图 4-23、图 4-24 进行解说。

**（1）内外机通信电路**

① 通信 24V 供电的产生　该机通信电路供电电压为 24V，由室内机通信电路产生。零线（N）同时也是 24V 直流供电的地线，为室内外机提供通信回路。

② 外机信号发送流程　参考图 4-23，根据通信规则，当室外机发送信号时，室内机 CPU 控制信号发送引脚保持输出 5V 高电平，经限流电阻控制室内机发送光耦的 4-3 脚饱和导通，打通通信回路，内机 CPU 接收引脚处于默认低电平 0（0V）待机状态。

此时，整个通信环路受到室外机发送光耦 B301 的 3-4 脚的控制。当室外机 CPU（D3A）的 34 脚发送高电平 1（5V）时，三极管 V7 集电极与发射极之间处于饱和导通状态。

5V 供电经光耦 B301 的 1-2 脚→电阻 R137 → V7 的 c-e 结，对地形成电流回路。B301 的 1-2 脚产生约 1.1V 压降，内部发光管发光，驱动 4-3 脚饱和导通。

24V 通信供电经内机发送光耦的 4-3 脚→内机接收光耦的 1-2 脚→内机通信电路内外机通信线 RT301 → R301 → V302 → B301 的 4-3 脚→ B302 的 1-2 脚→ W61 零线端子→ N（地），形成电流回流。

此时，内机接收光耦的 1-2 脚产生约 1.1V 的压降，内部发光二极管发光，驱动接收光耦的 4-3 脚饱和导通，CPU 接收引脚得到高电平 1（5V）。

当室外机 CPU（D3A）的 34 脚发送低电平 0（0V）时，默认通信环路短路断开，室内机 CPU 接收到的为默认值低电平 0（0V）。

在实际维修中，通信电路出现故障后内机报故障代码 7，可以先采用检测仪替代内外机功能快速缩小故障范围，再用电压法、电阻法、打阻法综合判断锁定故障元件。

**（2）传感器电路**

参考图 4-24，+5V 供电经 X30 的 2 脚→压缩机热保护器→ X30 的 1 脚，经限流电阻 R246、R245、C221 到 D3E 的 47 脚。正常时为 5V 高电平；故障时为 0V 低电平，内机报故障代码 15。

D3E 的 40、41、42 脚外接 5kΩ 环境、5kΩ 盘管、50kΩ 排气温度传感器电路，当该电路传感器或分压电阻出现故障时内机会报故障代码 14（环境）、1（盘管）、2（排气）。D3E 的 16 脚为强制启动测试功能，在检修时可以将 X9 用跳线短接，单独测试室外机。

### 4.3.5 变频压缩机驱动电路

直流变频压缩机驱动电路以 IPM1 驱动模块 FNA41560 为核心，结合 CPU（D2）六路驱动、供电、自举升压、模块保护、电流检测硬件保护、压缩机相电流检测电路等构成，参考图 4-25 对其工作原理和检修技巧进行解说。

**（1）CPU 六路驱动电路**

IPM1 的 20、19、18、14、13、12 脚为六路驱动控制输入引脚，受 D2B 的 33、31、29、32、30、28 引脚驱动信号控制。

**（2）供电电路**

IPM1 的 17、16 脚外接 15V 直流供电，为内部上、下半桥 IGBT 驱动放大电路供电。

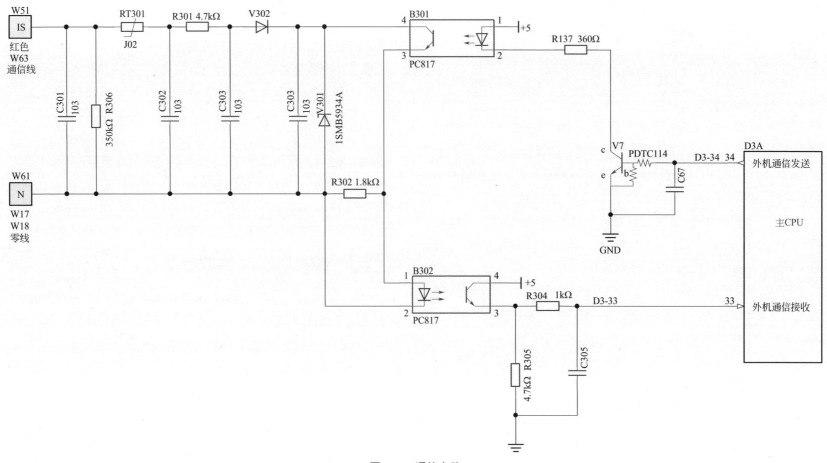

图 4-23 通信电路

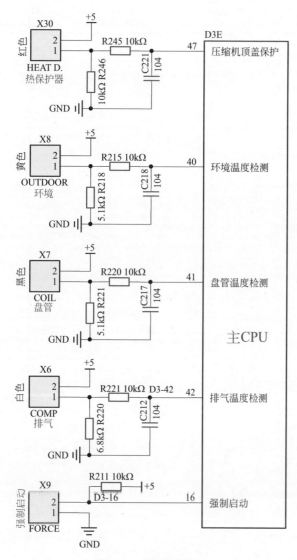

图 4-24 传感器电路

IPM1 的 3 脚为直流母线电压 320V 供电输入。

**（3）自举升压电路**

IPM1 的 26、24、22 脚接 U、V、W 上半桥驱动自举升压电路。电容器 C02、C5、C05、C8、C06、C11 为自举升压电容。

在实际维修中常见某个自举升压电容容量失效或短路引起模块内部上半桥功率管 S 极电压大于或等于 G 极电压而反偏截止，引起压缩机运行异常，报模块保护故障，可以采用打阻法对比三路自举电容的压降值，偏差较大的一般为故障元件，代换即可。

**（4）模块保护电路**

IPM1 的 11 脚为内部检测模块保护输出，正常工作时该引脚输出高电平（3V 左右），当内部检测到模块过电流、高温等异常情况时输出瞬间低电平（0V），经 R5 送到 CPU（D2B）的 37 脚。

**（5）电流检测硬件保护电路**

IPM1 的 10 脚为电流检测硬件保护输入，该脚电压正常待机时为 0V 左右，当该脚电压高于 0.5V 时控制内部关断六路驱动，同时控制 11 脚输出反转电压信号。10 脚外接由 D4A 的 1、2、3 脚及外围元件组成的压缩机电流检测电路。通过电路分析，这是一个同相放大器电路。

当某种原因压缩机某相电流大于 5.6A 时，该相电流采样电阻上的电压为 0.112V，通过电阻 R32、R34、R36 加到 D4A 的 3 脚，经 D4A 4.9 倍放大后，1 脚输出约 0.548V 电压，经 R17、R16 分压后得到 0.507V 电压，送到 IPM1 的 10 脚，控制内部保护动作。

**（6）压缩机相电流检测电路**

压缩机 U 相电流检测电路由 D6A 的 1、2、3 脚及外围元件

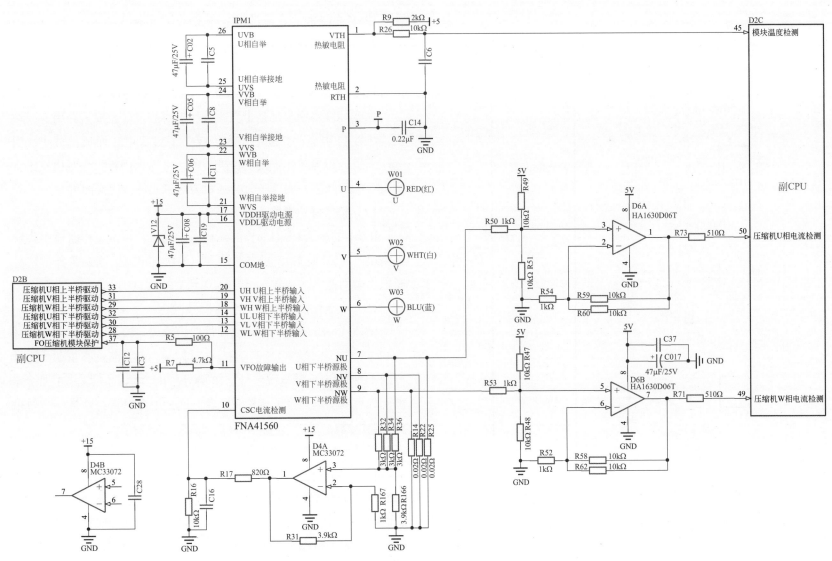

图 4-25 变频压缩机驱动电路

组成，该电路是一个差分放大器。压缩机运行时，来自采样电阻R25上的电压经D6内部差分放大后，D6的1脚输出信号电压，经电阻R73送到D2C的50脚，经内部逻辑运算计算出压缩机转子位置，为六路驱动控制提供参考依据。压缩机W相电流检测电路由D6B的5、6、7脚及外围元件组成，工作原理与U相电流检测类同。

在实际维修中，该电路出现问题会引起压缩机不启动的故障，建议采用电压法进行排查。

### 4.3.6 CPU 电路

该机主板采用双CPU设计。为了便于分析，将D3定义为主CPU，如图4-26所示；将D2定义为副CPU，如图4-27所示；对其三要素和其他附属功能进行解说。

**(1) 主 CPU 工作三要素**

① 供电：D3的13、38脚为芯片5V供电。

② 复位：D3的5脚为复位输入引脚，通过外接元件R105实现。

③ 晶振：D3的9、10脚为晶振输入引脚，通过外接元件G1实现。

**(2) 存储器电路**

D3的14、15脚与存储器X2的6、5脚连接，R160、R120为上拉电阻。当该电路元件出现故障后内机显示故障代码11，用电阻法排查R160、R120即可找到故障元件。如果都正常，则代换或重新烧写X2数据即可。

**(3) 主、副 CPU 通信电路**

D3F的1、52、32脚分别通过电阻R237、R240、R239连接到D2的16、17、18脚，实现数据通信，当该电路出现故障后，内机显示故障代码10，用电阻法排查电阻R237、R240、R239即可。

**(4) 一代检测仪接口电路**

D3的50、49、23、46、45、44脚外接X13插排，通过插排可以与海信一代检测仪进行连接，查看外机主板详细数据和参数。在该电路中，R91、R92、R93为上拉电阻。

**(5) LED 故障指示电路**

D3的2、3、4脚←（分别通过）电阻R208、R207、R206←发光二极管V3、V2、V1←+5V供电。通过这三个LED灯的闪烁状态可以了解机器的运行故障状态。三灯全灭，无故障；1亮2灭3亮，外盘管异常；1亮2灭3灭，外排气异常；1灭2灭3闪，内外机通信故障；1亮2闪3灭，电流过载保护；1亮2闪3亮，最大电流保护；1灭2亮3亮，主副芯片通信故障；1亮2亮3亮，EEPROM故障；1灭2闪3亮，排气高温保护；1亮2亮3灭，外环境温度异常；1灭2亮3闪，顶壳温度过高保护；1闪2灭3闪，驱动故障。

**(6) 副 CPU 工作三要素**

① 供电：D2的13、38脚为芯片5V供电。

② 复位：D2的5脚为复位输入引脚，通过外接元件R102实现。

③ 晶振：D2通过芯片内置晶振实现。

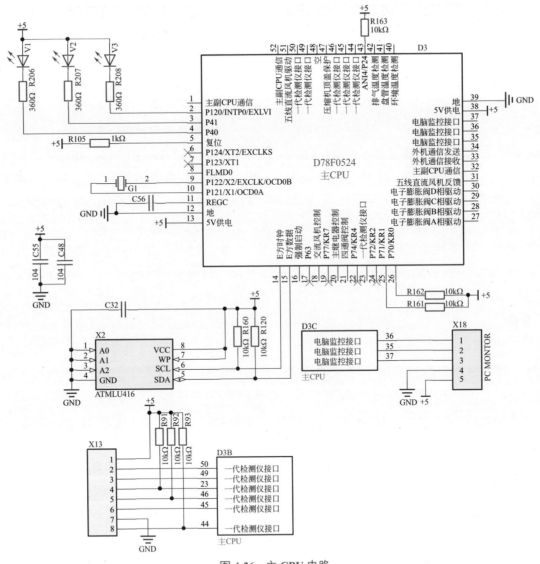

图 4-26  主 CPU 电路

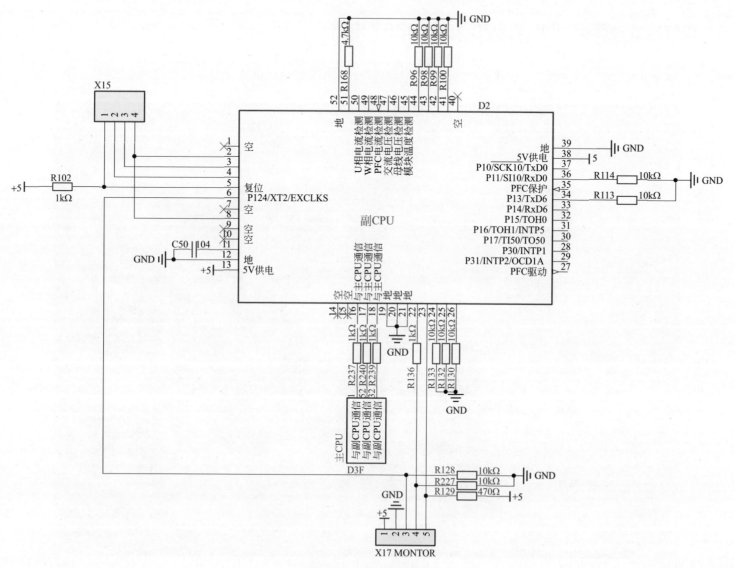

图 4-27　副 CPU 电路

长虹挂式变频板 JUK7.820.10049567 是一款具有代表性的经典机型，采用交流风机设计，图 4-28 为电路板实物。

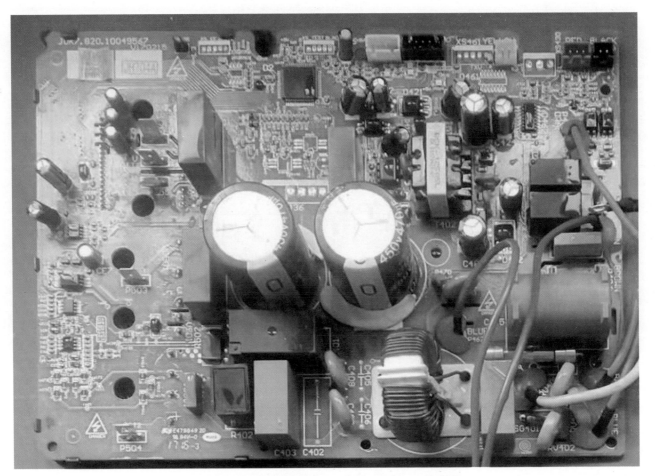

图 4-28　长虹挂式变频板 JUK7.820.10049567 电路板

## 4.4.1 交流滤波、软启动、交流风机驱动、四通阀驱动电路

本节包含交流滤波电路、软启动电路、交流风机驱动电路、四通阀驱动电路，参考图 4-29 进行解说。

**(1) 交流滤波电路**

室内机上电开机后，220V 交流市电送到外机主板。

火线 L 通过 X401 端子→熔断器 F401→压敏电阻 RV403→C401、L401、C402 组成的交流滤波电路滤波→软启动电路 R403、R402→主板铜箔 L1，送到整流桥 VC501（图 4-30）交流输入端。

零线 N 通过 X402 端子→L401→主板铜箔 N1，送到整流桥 VC501 交流输入端。

在该电路中，SG401 为放电管，RV402、RV401 为压敏电阻，C406、C407、C405、C408 为滤波电容，E 端子 P402 接机器外壳地线。

**(2) 软启动电路**

参考图 4-29 和图 4-30，首次上电 K401 不吸合，触点断开处于等待状态，火线 L 经过软启动电阻 R403、R402→主板铜箔 L1，送到整流桥 VC501 交流输入端，经 VC501 整流桥整流后，经 P504 端子接外置电抗器，经 P503 端子返回主板，经续流二极管 VD501 给大滤波电容 C1、C2 进行充电。当电压充到 260V 以上时，D2 的 31 脚输出高电平（5V），由反相驱动器 D462 的 1 脚输入，经内部处理后 16 脚输出低电平（0V），外机上电继电器 K401 的控制线圈上产生 12V 压降，K401 的触点吸合，将 R403、R402 短路，实现

软启动目的。

在实际维修中，K401 触点开路或接触不良后会引起外机待机时正常，压缩机一启动就停机，此时用万用表交流电压挡监控 K401 触点两端的电压，如果在压缩机启动后电压迅速上升，则证明继电器触点损坏，更换继电器即可。

**(3) 交流风机驱动电路**

D2 的 30 脚为室外交流风机中速挡控制引脚。当外风机达到中速挡启动条件时，D2 的 30 脚输出高电平（5V），加到反相驱动器 D462 的 5 脚，经反相驱动器 D462 内部处理后，12 脚输出低电平，K462 继电器线圈产生 12V 压降，K462 继电器触点吸合，火线 L1→K462 触点→P465 端子，外风机中速挡线圈得电投入工作。

D2 的 36 脚为室外交流风机高速挡控制引脚。当外风机达到高速挡启动条件时 D2 的 36 脚输出高电平（5V），加到反相驱动器 D462 的 2 脚，经反相驱动器 D462 内部处理后，15 脚输出低电平，K461 继电器线圈产生 12V 压降，K461 继电器触点吸合，火线 L1→K461 触点→P463 端子，外风机高速挡线圈得电投入工作。在该电路中，C415 为风机启动电容。

**(4) 四通阀驱动电路**

当外机 CPU 接收到制热运行指令后，D2 的 26 脚输出高电平（5V），送到反相驱动器 D462 的 3 脚，经 D462 内部处理后，14 脚输出低电平（0V），K463 线圈上产生 12V 压降，K463 继电器触点吸合，火线 L1 通过 K463 继电器触点→P461 端子，加到四通阀线圈上。

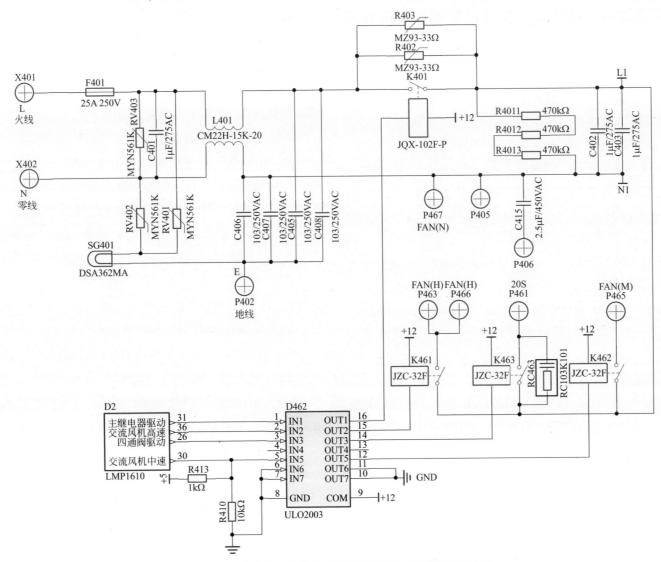

图 4-29 交流滤波、软启动、交流风机驱动、四通阀驱动电路

## 4.4.2 PFC 功率因数校正电路

本节包含 PFC 驱动电路、PFC 过电流保护电路、PFC 电流检测电路，参考图 4-30 进行解说。

### （1）PFC 驱动电路

当变频压缩机运行到中高频时，随着压缩机电流的增加，直流母线电压开始降低，当降到一定值时，达到 PFC 启动阈值。

D2E 的 21 脚输出 0～5V 几十千赫兹的 PWM 开关信号，送到 V513 的基极（V514 的 c-e 结默认饱和导通状态），V513 的 c-e 饱和导通，D502 的 1-2 脚之间产生 1.1 压降，内部发光二极管发光，D502 的 5-4 脚内部开关管断开，D502 的 5-6 脚内部的开关管导通，+15V 供电经 D502 的 5-6 脚内部开关管→电阻 R532，加到 V501 的控制极上，使 IGBT V501 工作在 D2E 的驱动控制频率下。

当 V501 导通时，外置电抗器上开始存储电能，当 V501 截止时，外置电抗器上存储的电能与 100Hz 脉动直流电进行叠加后经续流二极管 VD501 一并给滤波电容 C1、C2 充电，起到升压的目的。

在该电路中电阻 R531 为放电电阻，D502 的 4-5 脚内部开关管为放电开关管，保证 V501 在截止期间控制极上的电荷迅速泄放掉。ZD1 为一个 24V 稳压二极管，在该处起保护作用，防止 V501 的 C-G 击穿后高电压损坏后级电路。

在实际维修中，该电路出现问题会引起 PFC 不工作或烧 IGBT 等，采用打阻法、电阻法将该电路元件全部排查一遍即可。

### （2）PFC 过电流保护电路

PFC 过电流保护电路主要由 D5A 的 1、2、3 脚与外围元件组成的比较器和 D5B 的 5、6、7 脚与外围元件组成的比较器组成。为了便于检修和电路分析，将其各脚待机电压标注在图纸上。根据机器待机时电压分析，D5B 的 5 脚电压大于 6 脚电压，7 脚输出高电平 0.7V，加到 V514 的 b 极，使 V514 的 c-e 结处于饱和导通状态，为 V513 正常工作提供条件。

当某种原因导致整机电流达到 37A 时，在 D5B 的 6 脚产生 4.35V 电压，高于 5 脚 4.34V 电压，7 脚输出低电平 0V，V514 截止关断 PFC 驱动信号；同时 D5A 的 1、2、3 脚比较器电路，通过 D5A 的 1 脚将低电平 0V 信号经电阻 R65 反馈给 D2E 的 24 脚，控制整机停机，报 P2 故障代码。

### （3）PFC 电流检测电路

PFC 电流检测电路主要由 D4B 的 5、6、7 脚与外围元件组成。通过电路分析，这是个差分放大器电路。分析这个电路的难点有两点：一个是差分放大器上拉供电与传统不同，可以将 R79、R80 转换成上拉 15kΩ 电阻 2.5V 供电。还有一点是为什么反相输入电压放大后电压升高？在采样电阻 R502 上产生的电压为负压，根据差分放大器公式，同相输入端接地电压 0V 减去负压，所以得到一个正压。

在实际维修中该电路出现问题会报 P2 故障代码，采用电压法测量 D4B 的 5、6、7 脚电压，与图纸比对即可找到故障元件。

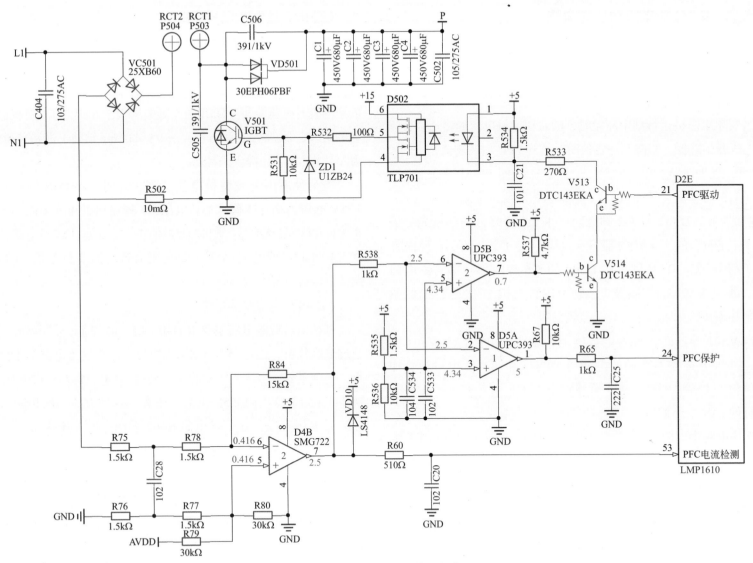

图 4-30　PFC 功率因数校正电路

## 4.4.3 开关电源电路

本节电源管理芯片 D409 采用 NCP1076，内部集成振荡、稳压、IGBT、电压保护等功能，参考图 4-31 进行解说。

### （1）D409 引脚功能

1 脚为电源管理芯片的二次供电。D409 首次上电内部启动电压经 5 脚输入后由内部电路产生，当芯片启动后内部供电电路自动切换为 1 脚供电。1 脚供电由 T402 次级线圈经限流电阻 R472 →整流二极管 VD414 → C471 滤波，产生二次供电，经 R473 送到 D409 的 1 脚。

2、3 脚接地。

4 脚为稳压反馈输入端，外接稳压反馈光耦 D403、滤波电容 C495。

5 脚内部接开关管的漏极，外部接 T402 开关变压器初级线圈和 VD411、VD416、R471、C470 组成的 DRC 阻尼削峰电路。该电路的目的是吸收尖峰脉冲，保护 D409 内部开关管，所以在实际维修中遇到上电或不定时烧 D409 的故障时，一定要检查该电路元件，或者直接代换该电路元件。

### （2）振荡原理

300V 直流电压 P 经 T402 初级线圈 → D409 的 5 脚，送到内部开关管的漏极和启动电路，在内部振荡脉冲激励下，开关管不断地导通和截止，开关变压器 T402 初级线圈上不断地储能和释能，次级线圈感应电压经整流滤波后供给负载使用。

### （3）直流供电

由 T402 次级线圈经 VD413 整流 → C487、C492 滤波 → D412 稳压 → C488、C489 滤波，产生 +15V 直流供电，供给负载使用。

由 T402 次级线圈经 VD412 整流 → C473 滤波，产生 12V 直流供电，分为两路：一路供给稳压电路使用，另一路经 L411、C474、C423 滤波后供给稳压采样、继电器、反相驱动器、电子膨胀阀等电路使用。

+12V 直流供电经 D421 三端稳压器 7805 稳压 → C422、C421、C462 滤波，产生稳定的 +5V 直流供电，供给主板 CPU 等电路使用。

### （4）稳压原理

D411 从外形看像一个三极管，事实上它是一个内置 2.5V 基准电压的比较器。当开关电源输出的 +12V 供电升高时，通过采样电阻 R476、R478 分压得到的基准电压也随之升高，当高于 2.5V 时 D411 内部比较器动作：5V 供电经 R474 → D403 的 1-2 脚 → D411 的 K-A 导通 → 地，形成回路。此时，D403 的 1-2 脚内部发光二极管发光，4-3 脚导通，D409 内部激励脉冲截止，+12V 输出电压降低，实现稳压目的。当开关电源输出的 +12V 供电低于设定值时，稳压环路不动作，D409 内部振荡电路控制开关管以最高频率工作。

在实际维修中，对于开关电源工作异常故障现象，首先采用打阻法判断 D409 电源管理 IC 以及二次供电、12V、15V、5V 等各路负载有无短路现象。如果有，则用烧机法排查故障元件；如果没有明显短路，则在保证稳压环路正常情况下上电后用电压法进行检修。

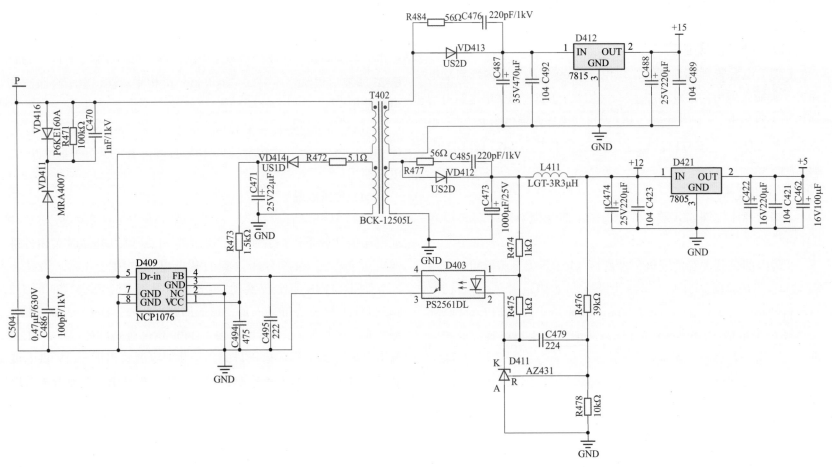

图 4-31　开关电源电路

## 4.4.4 通信及交流电压检测电路

本节包含内外机通信电路、交流电压检测电路两部分内容，参考图 4-32、图 4-33 进行解说。

### （1）内外机通信电路

内外机通信电路的 +24V 供电由内机主板通信电路产生。

根据通信规则，当室外机发送信号时，室内机 CPU 控制信号发送引脚保持输出高电平 1（5V），经三极管倒相后，控制室内机发送光耦 4-3 脚饱和导通，内机 CPU 接收引脚处于默认高电平 1（5V）待机状态。

此时，整个通信环路受到室外机发送光耦 D402 的 4-3 脚的控制。当室外机 CPU（D2B）的 39 脚发送低电平 0（0V）时，V401 的 e-b 有电流通过，V401e-c 饱和导通，D402 的 1-2 脚产生约 1.1V 压降，内部发光管发光，驱动 4-3 脚饱和导通。

内机通信电路 +24V 供电经内机发送光耦的 4-3 脚→内机接收光耦的 1-2 脚→内机通信环路分压电阻→通信线 S →热敏电阻 R404 →限流电阻 R405、R406 → VD401 → D401 的 1-2 脚→ D402 的 4-3 脚→ N（地），形成电流回路。

此时内机接收光耦的 1-2 脚产生约 1.1V 的压降，内部发光二极管发光，驱动接收光耦的 4-3 脚饱和导通，内机 CPU 接收引脚得到低电平 0（0V）。

当室外机 CPU（D2B）的 39 脚发送高电平 1（5V）时，默认通信环路短路断开，室内机 CPU 接收到的为默认值高电平 1（5V）。

在实际维修中，该电路出现问题后内机主板或检测仪报 F7 故障代码，用厂家检测仪可以快速判断内机主板或外机主板问题，确定问题后再用电压法锁定范围，用电阻法找到坏件。

### （2）交流电压检测电路

参考图 4-33，该电路是一个差分放大器，由 D4A 的 1、2、3 脚及外围阻容元件组成。在进电压计算时，将 R81、R82、+5V 供电电路等效成 7.5kΩ 电阻外接 2.5V 上拉供电，即可按传统差分放大器公式进行计算。

该电路采样电压来自 220V 交流市电，共分两路输入。

N1 经降压电阻 R70、R72、R74、R64 → D4A 的 2 脚。

L1 经降压电阻 R69、R71、R73、R63 → D4A 的 3 脚。

两路信号差分降压后经 D4A 内部处理计算出交流电压值，由 1 脚输出，经限流电阻 R87 送到 D2G 的 52 脚，为 PFC 功率因数校正电路提供参考数据。

在实际维修中该电路出现问题会引起外机不启动，用电阻法排查 R70、R72、R74、R64、R69、R71、R73、R63、R81、R82、R85、R87，找到故障元件更换即可。

## 4.4.5 变频压缩机驱动电路

该机压缩机驱动模块 D507 采用 PS219C4-AST，内部集成 IGBT，具有驱动放大、电流保护、电压保护等功能，参考图 4-34 进行解说。

### （1）D507 变频模块引脚功能

D507 的 2、3、4 脚为 U、V、W 自举升压输入引脚。E1、C5、E2、C6、E3、C7 为自举升压电容。在实际维修中，该电路任何元件漏电或短路都会引起自举升压不足，机器报 TJ6 故障代码，用打阻法加对比法排查即可。

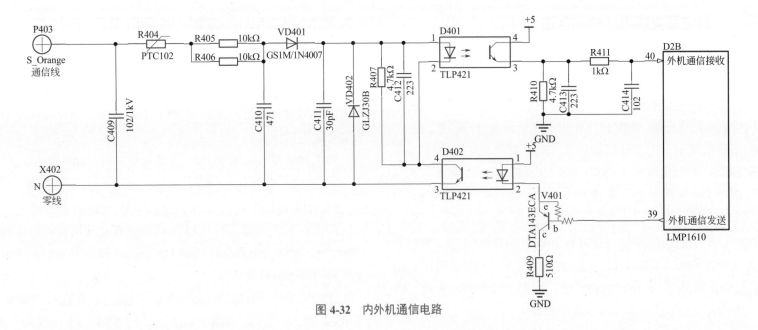

图 4-32　内外机通信电路

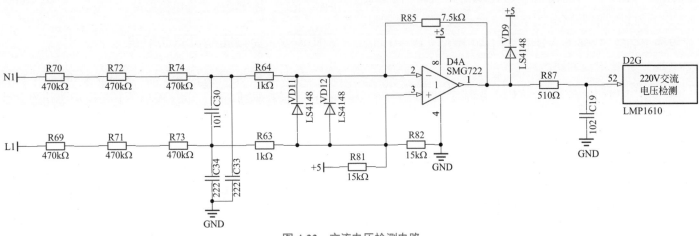

图 4-33　交流电压检测电路

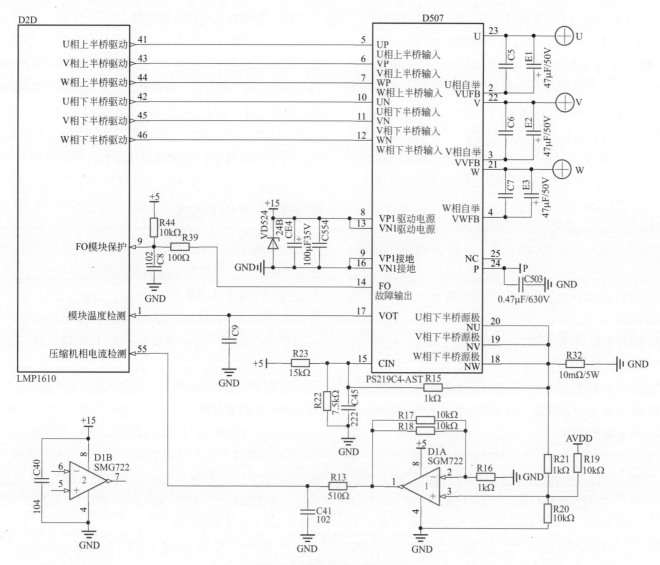

图 4-34　变频压缩机驱动电路

D507 的 5、6、7、10、11、12 脚为六路驱动输入引脚，与 CPU（D2D）的 41、43、44、42、45、46 脚连接。

D507 的 8 脚、13 脚为内部驱动电路 15V 供电，该点电压过低会引起内部驱动不足，电压过高会引起内部模块损坏，所以外加 24V 稳压二极管 VD524 作为防高压保护。

D507 的 14 脚为模块过电流保护电压输出（FO）引脚，正常运行时默认为 3.2V 高电平，当模块内部检测到故障时输出瞬间低电平，同时关断下半桥驱动信号。该引脚通过限流电阻 R39 连接到 D2D 的 9 脚。

D507 的 15 脚为过电流检测硬件保护输入引脚，该脚电压大于 0.5V 时内部保护电路动作，关闭六路驱动，控制 14 脚输出反转电压信号。

D507 的 18、19、20 脚内接 W、V、U 开关管下半桥源极，通过采样电阻 R32 接地。

D507 的 24 脚为 320V 直流母线供电输入端。

D507 的 23 脚为 U 相电压输出，接变频压缩机的 U 相绕组。

D507 的 22 脚为 V 相电压输出，接变频压缩机的 V 相绕组。

D507 的 21 脚为 W 相电压输出，接变频压缩机的 W 相绕组。

**（2）硬件过电流保护电路**

硬件过电流保护电路主要由 D507 的 15 脚外围元件组成。根据电阻串联、并联计算公式得出 D507 的 15 脚待机电压为 0.2778V。经过计算，当某种原因压缩机运行电路达到 23A 时，采样电阻上产生 0.23V 压降，与 D507 的 15 脚电压 0.2778V 相加后，使 15 脚电压大于 0.5V，内部保护电路动作，关闭六路驱动，同时 14 脚输出反转电压信号。

**（3）压缩机相电流检测电路**

压缩机相电流检测电路主要由 D1A 的 1、2、3 脚及外围元件组成。通过电路分析，这是一个差分放大器电路，但其同相输入端上拉供电与传统差分放大器上拉供电有所不同，所以很容易被误认为是一个运算放大器。在进行电路分析或电压计算时可以将 R19、R20 转换成上拉 5kΩ 电阻 2.5V 供电，这样该电路就跟传统差分放大器结构一样。

在实际维修中，该电路出现问题，机器或检测仪会报 J7 故障代码，采用电压法、电阻法即可判定故障元件，修复即可。

**4.4.6  CPU 电路**

本节内容包含 D2 主电路、存储器电路、LED 故障指示电路、传感器电路等，参考图 4-35 进行解说。

**（1）CPU 工作三要素**

① 供电。D2 的 15、16、56 脚为芯片 5V 供电。

② 复位。D2 的 6 脚为复位输入引脚，通过外接元件 R91 实现。

③ 晶振。D2 的晶振采用内置晶振电路。

**（2）存储器电路**

D2 的 28、29 脚与存储器 D10 的 5、6 脚连接，R105、R104 为上拉电阻，R102 为限流电阻。当该电路元件出现故障后内机显示故障代码 C1，用电阻法排查 R105、R104、R102 即可找到故障元件，如果都正常，则代换或重新烧写 D10 数据即可。

**（3）LED 故障指示电路**

+5V 供电经发光二极管 VD511 → 限流电阻 R106 → D2 的 17 脚。当需要 VD511 点亮时，D2 的 17 脚输出低电平有效。

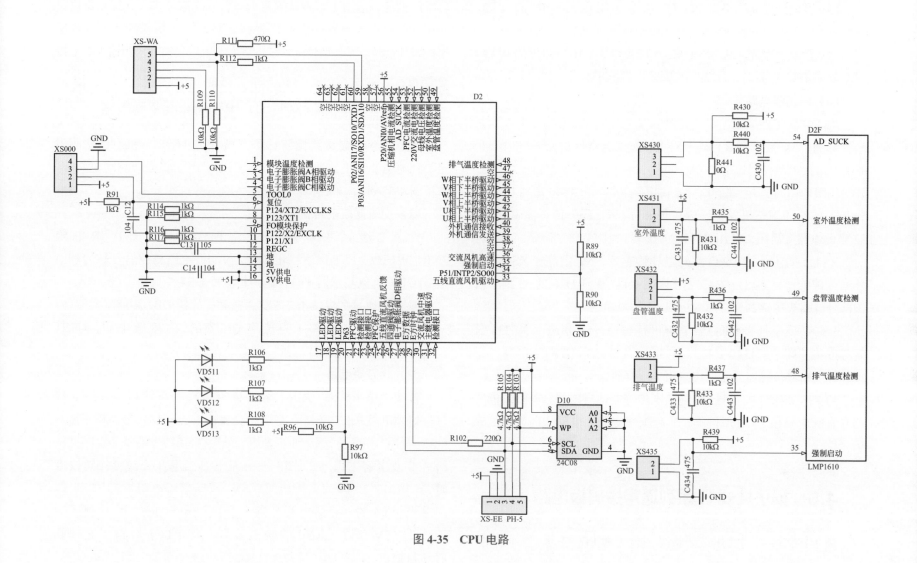

图 4-35　CPU 电路

+5V 供电经发光二极管 VD512 →限流电阻 R107 → D2 的 18 脚。当需要 VD512 点亮时，D2 的 18 脚输出低电平有效。

+5V 供电经发光二极管 VD513 →限流电阻 R108 → D2 的 19 脚。当需要 VD513 点亮时，D2 的 19 脚输出低电平有效。

**（4）传感器电路**

XS430 插座外接压缩机顶壳温度保护开关，正常温度下该开关闭合导通，5V 供电经 R430 → XS430 外接温度保护开关→地。此时 D2F 的 54 脚收到低电平 0V 电压。当压缩机温度超过温度保护开关的限定值时，开关断开，5V 供电经 R430 → R440 送到 D2F 的 54 脚，D2F 控制整机停机，内机报 E0 故障代码。值得注意的是，该机此电路未启用，采用 R441（一个 0Ω 电阻）将其屏蔽。

XS431 插座外接 10kΩ 室外温度传感器，5V 供电经 XS431 室外温度传感器→ C431、R431、R435、C441 送到 D2F 的 50 脚。当该部分电路或传感器异常时内机报 F2 故障代码。

XS432 插座外接 10kΩ 盘管温度传感器，5V 供电经 XS432 盘管温度传感器→ C432、R432、R436、C442 送到 D2F 的 49 脚。当该部分电路或传感器异常时内机报 F4 故障代码。

XS433 插座外接 60kΩ 排气温度传感器，当该部分电路或传感器异常时内机报 F5 故障代码，实际维修中采用电阻法即可判定故障元件。

## ▶ 4.5 扬子挂式 S 系列通用拨码板电路

扬子挂式 S 系列通用拨码板是一款无源 PFC 主板，专门为售后维修设计，适用于多种压缩机型号，其交流风机、五线直流风机通用，电路设计具有一定的代表性，图 4-36 为扬子挂式 S 系列通用拨码板。

### 4.5.1 交流滤波、软启动、整机电流检测、交流风机驱动、四通阀驱动、电子膨胀阀驱动电路

本节内容包含交流滤波电路、软启动电路、整机电流检测电路、交流风驱动电路、四通阀驱动电路、电子膨胀阀驱动电路等，参考图 4-37 进行解说。

**（1）交流滤波电路**

火线 L 通过主板端子→熔断器 FUSE1 →压敏电阻 ZNR1 → CX2、FL1、CX1 组成的交流滤波电路滤波后→软启动电路 PTC1 →电流互感器 TF1，送到整流桥 DB1 交流输入端。

零线 N 通过主板端子→ FL1，送到整流桥 DB1 交流输入端。

在该电路中，DSA1 为放电管，ZNR2 为压敏电阻，CY3、CY4 为滤波电容，GND 端子接机器外壳地线。

**（2）软启动电路**

首次上电 RY2 不吸合，触点断开处于等待状态，火线 L 经过软启动电阻 PTC1 →整流桥 DB1 交流输入端→ DB1 整流桥整流→ DB2 → LC-1 端子，接到外置电抗器，经 LC-3 端子返回主板，给大滤波电容 E1、E2、E3 进行充电。当电压充到 260V 以上时，U9C 的 29 脚输出高电平（5V），经限流电阻 R33 加到 T4 的 b 极，T4 的 c-e 结饱和导通，上电继电器 RY2 的控制线圈上产生 12V 压降，RY2 的触点吸合，将 PTC1 短路，实现软启动目的。

图 4-36 扬子挂式 S 系列通用拨码板

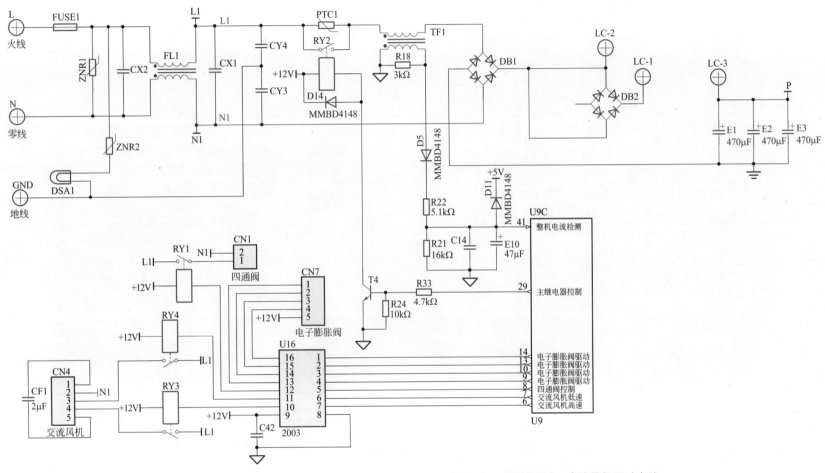

图 4-37 交流滤波、软启动、整机电流检测、电子膨胀阀驱动、四通阀驱动、交流风机驱动电路

## (3) 整机电流检测电路

整机电流检测电路主要由电流互感器 TF1 将感应到的电流信号转换成电压信号，经二极管 D5 整流→ R22、R21 分压→ C14、E10 滤波，送到 U9C 的 41 脚，经内部逻辑运算得出整机电流值。在该电路中，R18 为负载电阻，D11 为钳位二极管。

## (4) 交流风机驱动电路

U9C 的 6、7 脚为室外交流风机高、低速控制引脚。以低挡为例介绍其控制原理。当外风机达到低速挡启动条件时，U9C 的 7 脚输出高电平（5V），加到反相驱动器 U16 的 6 脚，经反相驱动器 U16 内部处理后 11 脚输出低电平，RY4 继电器线圈产生 12V 压降，RY4 继电器触点吸合，火线 L1 → RY4 触点→ CN4 的 3 脚端子，外风机低速挡线圈得电投入工作。

## (5) 四通阀驱动电路

当外机 CPU 接收到制热运行指令后 U9C 的 8 脚输出高电平（5V），送到反相驱动器 U16 的 5 脚，经 U16 内部处理后 12 脚输出低电平（0V），RY1 线圈上产生 12V 压降，RY1 继电器触点吸合，火线 L1 通过 RY1 继电器触点，经 CN1 的 1 脚端子加到四通阀线圈上。

## (6) 电子膨胀阀驱动电路

U9C 的 9、10、13、14 脚根据控制时序输出高电平信号，送到反相驱动器 U16 的 4、3、2、1 脚输入，经内部处理后由 13、14、15、16 脚输出相应逻辑的低电平信号，控制电子膨胀阀相应线圈得电，吸引阀针正向或反向运动。

## 4.5.2 开关电源电路

本节包含电源管理芯片 U4 引脚功能、振荡原理、直流供电、稳压电路，参考图 4-38 进行解说。

### (1) TNY278 引脚功能

1 脚为稳压反馈输入端，外接稳压反馈光耦 U1 和母线电压检测电阻 R9、R4、R8。

2 脚为输出电压检测保护引脚，通过 TF2 次级线圈→ R14 → D1 → R25 → E4 滤波，产生检测电压。在该电路中，ZD8 为 24V 稳压二极管。正常状态下，U4 的 2 脚内部自建 5.85V 电源，U4 输出功率的大小取决于外置电容 C4 的容量。通过电路分析，当稳压环路失控导致 E4 上产生的电压高于 29.85V 时，ZD8 导通，大电流进入 U4 的 2 脚内部，使其保护电路动作，关闭内部开关管驱动脉冲，直到 U4 的 2 脚电压低于 4.9V 时自动恢复。

4 脚内部接开关管的漏极，外部接 TF2 开关变压器初级线圈和 D4、R1、TVS、R20、C13 组成的 DRC 阻尼削峰电路。该电路的目的是吸收尖峰脉冲，保护 U4 内部开关管，所以在实际维修中遇到上电或不定时烧 U4 的故障时，一定要检查该电路元件，或者直接代换该电路元件。

5、6、7、8 脚接地。

### (2) 振荡原理

300V 直流电压 P 经 TF2 初级线圈→ U4 的 4 脚，送到内部开关管的漏极和启动电路，在内部振荡脉冲激励下，开关管不断地导通和截止，开关变压器 TF2 初级线圈上不断地储能和释能，次级线圈感应电压经整流滤波后供给负载使用。

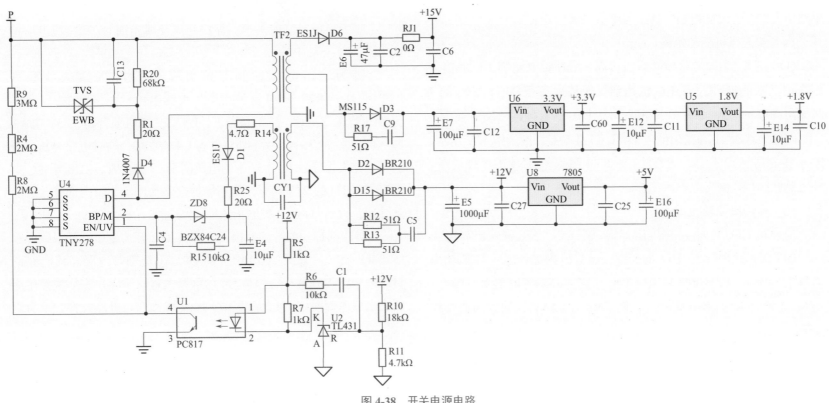

图 4-38 开关电源电路

**（3）直流供电**

TF2 次级线圈电压经 D6 整流→ E6、C2 滤波，产生 +15V 直流供电，供给变频模块、直流风机等负载使用。

TF2 次级线圈电压经 D3 整流→ E7、C12 滤波→ U6 稳压→ C60、E12、C11 滤波，产生稳定的 +3.3V 直流供电，供给负载使用。

+3.3V 直流供电经 U5 稳压→ E14、C10 滤波，产生稳定的 +1.8V 直流供电，供给负载使用。

TF2 次级线圈电压经 D2、D15 整流→ E5、C27 滤波，产生 +12V 直流供电，供给继电器、反相驱动器等负载使用。

+12V 直流供电经 U8 三端稳压器 7805 稳压→ C25、E16 滤波，产生稳定的 +5V 直流供电，供给负载使用。

**（4）稳压电路**

当开关电源输出的 +12V 供电电压升高时，通过采样电阻 R10、R11 分压得到的基准电压也随之升高，当高于 2.5V 时 U2 内部比较器动作：+12V 供电经 R5 → U1 的 1-2 脚→ U2 的 K-A，对地形成电流回路。此时，U1 的 1-2 脚内部发光二极管发光，4-3 脚导通，U4 内部激励脉冲截止，+12V 输出电压降低，实现稳压目的。当开关电源输出的 +12V 供电低于设定值时，稳压环路不动作。

### 4.5.3 通信及五线直流风机电路

本节内容包含内外机通信电路、主副芯片通信电路、五线直流风机驱动电路，参考图 4-39、图 4-40 进行解说。

**（1）内外机通信电路**

内外机通信电路的 +24V 供电由火线 L 经降压电阻

R35 → R42 → D8 整流→ 24V 稳压二极管 ZD5 稳压→ E15、C26 滤波后产生。

根据通信规则，当室外机发送信号时，室内机 CPU 控制信号发送引脚保持输出高电平 1（5V），经三极管倒相后，控制室内机发送光耦 4-3 脚饱和导通，内机 CPU 接收引脚处于默认低电平 0（0V）待机状态。

此时，整个通信环路受到室外机发送光耦 U10 的 4-3 脚的控制。当室外机 CPU（U9）的 27 脚发送高电平 1（5V）时，T2 的 b-e 有电流通过，T2 的 c-e 饱和导通，U10 的 1-2 脚产生约 1.1V 压降，内部发光管发光，驱动 U10 的 4-3 脚饱和导通。

外机通信电路 +24V 供电经 U10 的 4-3 脚→ U13 的 1-2 脚→限流电阻 R64 → D7 →通信线 S →室内机接收光耦的 1-2 脚→室内机发送光耦的 4-3 脚→ N（地），形成电流回路。

此时室内机接收光耦的 1-2 脚产生约 1.1V 的压降，内部发光二极管发光，驱动接收光耦的 4-3 脚饱和导通，内机 CPU 接收引脚得到高电平 1（5V）。

当室外机 CPU（U9）的 27 脚发送低电平 0（0V）时，默认通信环路短路断开，室内机 CPU 接收到的为默认值低电平 0（0V）。

在实际维修中，该电路出现问题后内机主板或检测仪报 03 故障代码，用厂家检测仪可以快速判断内机主板或外机主板问题，确定问题后再用电压法锁定范围，用电阻法找到坏件。

**（2）主副芯片通信电路**

U9 与 IC12 数据通信时采用 U14、U7 光耦隔离，电路结构简单。

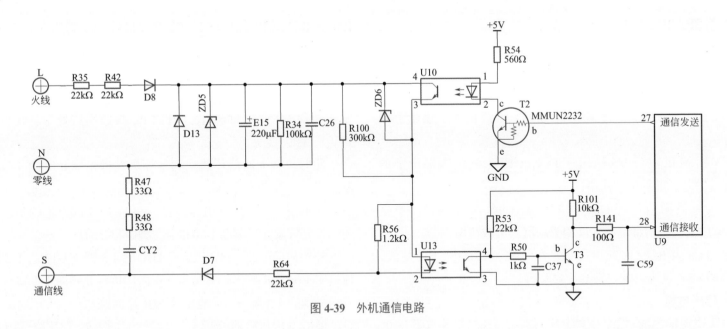

图 4-39 外机通信电路

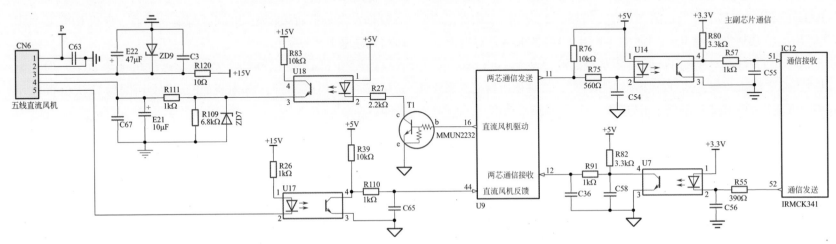

图 4-40 五线直流风机驱动、主副芯片通信电路

在实际维修中，该电路出现问题可以采用电阻法直接检测 R76、R75、R80、R57、R91、R82、R55，找到故障元件更换即可。如果电阻正常，再用两块数字万用表同时调到二极管挡配合测量 U14、U7 有无异常。如果光耦有问题，则进行更换即可；如果光耦没有问题，则应更换 IC12、U9。

**（3）五线直流风机驱动电路**

参考图 4-40，五线直流风机将变频电机驱动板安装在电机内部，简化了外部控制电路的设计，通过五根引线与外部电路连接。CN6 为五线直流风机接线插座。1 脚为 300V 供电输入，2 脚接地，3 脚为 +15V 供电输入，4 脚接收由 U9 的 16 脚通过 T1 → R27 → U18 → R111 发送的电机转速信号，5 脚通过 U17 → R110 将电机转速信号反馈给 U9 的 44 脚。

该电路出现故障后，建议用打阻法判断电机好坏，确定电机、300V 和 15V 供电正常后再上电检测。

### 4.5.4　变频压缩机驱动电路

该机压缩机驱动模块 IPM1 采用 FNA41560，内部集成 6 个 IGBT，具有驱动放大、电流保护、电压保护等功能，参考图 4-41 进行解说。

**（1）IPM1 引脚功能**

IPM1 的 26、24、22 脚为 U、V、W 自举升压输入引脚。E13、C20、E11、C17、E9、C15 为自举升压电容，DZ3、DZ2、DZ1 为稳压保护二极管。在实际维修中，该电路任何元件漏电或短路都会引起自举升压不足，机器报压缩机过流 95 故障代码，用打阻法加对比法排查即可。

IPM1 的 20、19、18、14、13、12 脚为六路驱动输入引脚，通过限流电阻 R70、R72、R74、R90、R81、R79 与 U12B 的 47、45、43、46、44、42 脚连接。在该电路中，C68、C69、C70、C71、C72、C73 为高频滤波电容。

IPM1 的 17、16 脚为内部驱动电路 15V 供电，该点电压过低会引起内部驱动不足，电压过高会引起内部模块损坏，所以外加稳压二极管 DZ4 作为防高压保护。

IPM1 的 11 脚为模块过电流保护电压输出（VFO）引脚，正常运行时默认为 3.2V 高电平，当模块内部检测到故障时输出瞬间低电平，同时关断下半桥驱动信号。该引脚通过限流电阻 R78 连接到 U12B 的 41 脚。

IPM1 的 10 脚为过电流检测硬件保护输入引脚，该脚电压大于 0.5V 时内部保护电路动作，关闭六路驱动，控制 11 脚输出反转电压信号。

IPM1 的 7、8、9 脚内接 U、V、W 开关管下半桥源极，通过采样电阻 RS1 接地。

IPM1 的 3 脚为 300V 直流母线供电输入端。

IPM1 的 2 脚外接模块温度分压电阻 R112、R113，将模块温度数据传送给 U12C 的 36 脚。

IPM1 的 4、5、6 脚为 U、V、W 电压输出引脚，外接直流变频压缩机。

**（2）相电流检测电路**

压缩机相电流检测电路主要由 U12C 的 30、31、32 脚及外围元件组成。通过电路分析，这是一个差分放大器电路。利用差分放大器计算公式和电阻串联计算公式可以算出 U12C 的 32 脚电压为 0.6V，30、31 脚电压为 0.269V。

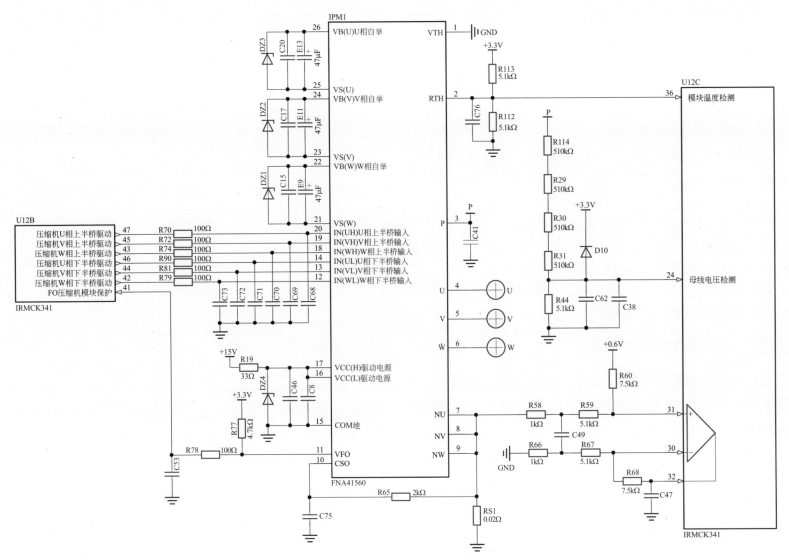

图 4-41　变频压缩机驱动电路

在实际维修中，该电路出现问题，机器或检测仪会报 93 故障代码，采用电压法、电阻法判定故障元件，修复即可。

**（3）直流母线电压检测电路**

300V 直流母线 P 经降压电阻 R114 → R29 → R30 → R31，与 R44 分压后，产生约 0.75V 电压，送到 U12C 的 24 脚，经内部逻辑运算后计算出直流母线电压值。在实际维修中，该电路出现问题内机报 76 故障代码，用电压法即可找到故障元件。

## 4.5.5 直流电机驱动芯片电路

IRMCK341 是一块直流电机专用驱动芯片，内部集成直流母线电压检测、交流电压检测、PFC 驱动、PFC 电流检测、双直流电机相电流检测等电路，配上简单的外设电路和压缩机数据即可实现驱动控制，极大简化了电路设计和开发周期。参考图 4-42 对其工作三要素及附属功能进行解说。

**（1）CPU 工作三要素电路**

① 供电。U12 内部采用多个模块，所以供电有多路，包含 1.8V、3.3V 两种。U12 的 11、22、25、63 脚为 1.8V 直流供电，U12 的 13、40、54、58、59 脚为 3.3V 供电。

② 复位。U12 的 62 脚为复位输入引脚，根据外围复位电路结构分析，该电路为低电平复位输入。在实际维修中，若怀疑复位电路有问题，可以采用人工复位的方法进行测试，用一把防静电小镊子将 C40 电容器瞬间短接一下即可。

③ 晶振。U12 的 1、2 脚为晶振输入引脚，外接 R43、X2、C23、C24 组成晶振电路。

**（2）存储器电路**

U12 的 55、56 脚直接连接到存储器 U15 的 6、5 脚，R62、R63 为上拉电阻。

在实际维修中该电路出现故障会报故障代码 05。检修时，先用电阻法排查 R62、R63、R61 有无异常。如果有，则更换即可；如果都正常，则代换或重新烧写 U15 进行测试。如果更换 U15 后仍然报 05 故障，则判定为 U12 内部损坏，更换 U12 即可。

**（3）测试烧写电路**

U12 的 4、5 脚通过电阻 R3、R2 连接 CN8 插座，可以通过 TTL 转接小板与电脑连接，用专用测试软件进行程序烧写。更换 CPU 后，需要用专用仿真驱动工具连接电脑，通过该电路在路烧写原厂程序后方可使用。

**（4）LED 指示灯电路**

U12D 的 8 脚外接限流电阻 R37 控制发光二极管 LED2 工作。

U12D 的 9 脚外接限流电阻 R36 控制发光二极管 LED1 工作。

**（5）0.6V 基准电压产生电路**

U12 的 29 脚输出 0.6V 基准电压，作为相电流检测电路差分放大器上拉供电使用。

**（6）拨码开关电路**

U12D 的 48、49、50、57 脚外接拨码开关 SW3。通过设置

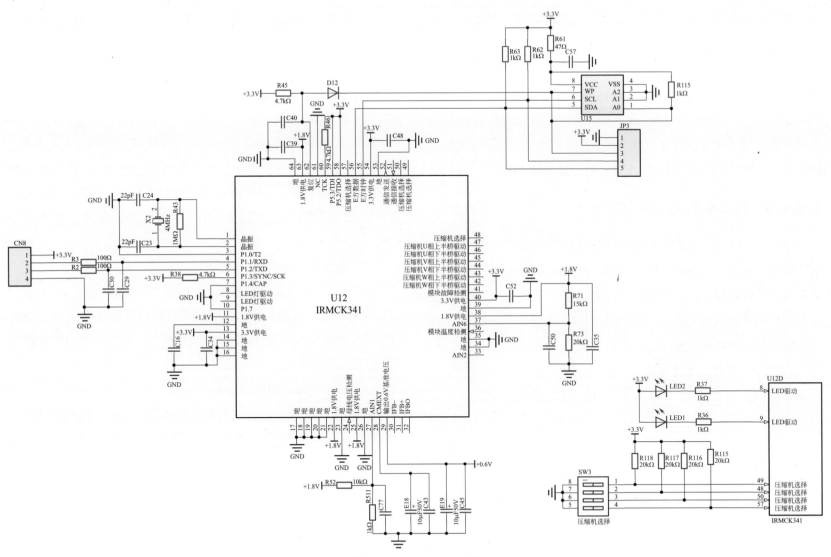

图 4-42　IRMCK341 电路

SW3 开关的不同组合，可以实现调取存储器中各种压缩机不同运行数据的匹配。举例：将 4 个开关全部拨到 1、2、3、4 数字侧代表 0000，与日立 ASD102CKNA6JT 压缩机数据匹配完成。

### 4.5.6 主 CPU 电路

本节包含 U9 主电路、存储器电路、传感器电路等，参考图 4-43 进行解说。

**(1) CPU 工作三要素**

① 供电：U9 的 3 脚为芯片 5V 供电。

② 复位：U9 的 45 脚为复位输入引脚，通过外接元件 C8、R99 实现。

③ 晶振：U9 的 46、47 脚外接晶振 X1。

**(2) LED 故障指示电路**

+5V 供电经限流电阻 R93 → 发光二极管 LED4 → U9 的 26 脚。当需要 LED4 点亮时，U9 的 26 脚输出低电平有效。

+5V 供电经限流电阻 R92 → 发光二极管 LED3 → U9 的 25 脚。当需要 LED3 点亮时，U9 的 25 脚输出低电平有效。

**(3) 拨码开关电路**

拨码开关 SW1 与 SW3 功能相同，都是压缩机型号匹配选择，因为安装了 SW1 所以该机未安装 SW3。

拨码开关 SW2 为交直流风机功能选择开关，通过该开关可以设定交流风机或直流风机的功能选择。以该机型为例：交流单速风机开关设置为 SW2-1 → 0，SW2-2 → 1；交流双速风机开关设置为 SW2-1 → 1，SW2-2 → 0；直流风机开关设置为 SW2-1 → 1，SW2-2 → 1。

**(4) 存储器电路**

U9 的 24、19 脚直接连接到存储器 U11 的 5、6 脚，R4、R105 为上拉电阻。该电路出现故障报 05 故障代码。

**(5) 传感器电路**

CN10 插座外接压缩机顶壳温度保护开关，正常温度下该开关闭合导通，5V 供电经 CN10 外接温度保护开关 → R107，送到 U9 的 30 脚。当压缩机温度超过温度保护开关的限定值时，开关断开 U9 的 30 脚变为低电平，内机报 38 故障代码。

CN3 的 1-2 脚外接 50kΩ 排气温度传感器，5V 供电经 CN3 排气温度传感器 → C21、R96、R86，送到 U9 的 38 脚。当该部分电路或传感器异常时内机报 37 故障代码。

CN3 的 3-4 脚外接 10kΩ 盘管温度传感器，5V 供电经 CN3 盘管温度传感器 → C19、R95、R85，送到 U9 的 39 脚。当该部分电路或传感器异常时内机报 36 故障代码。

CN3 的 5-6 脚外接 10kΩ 环境温度传感器，5V 供电经 CN3 环境温度传感器 → C18、R94、R84，送到 U9 的 40 脚。当该部分电路或传感器异常时内机报 35 故障代码。

上述电路在实际维修中将传感器拔下，采用电阻法即可判定故障元件。

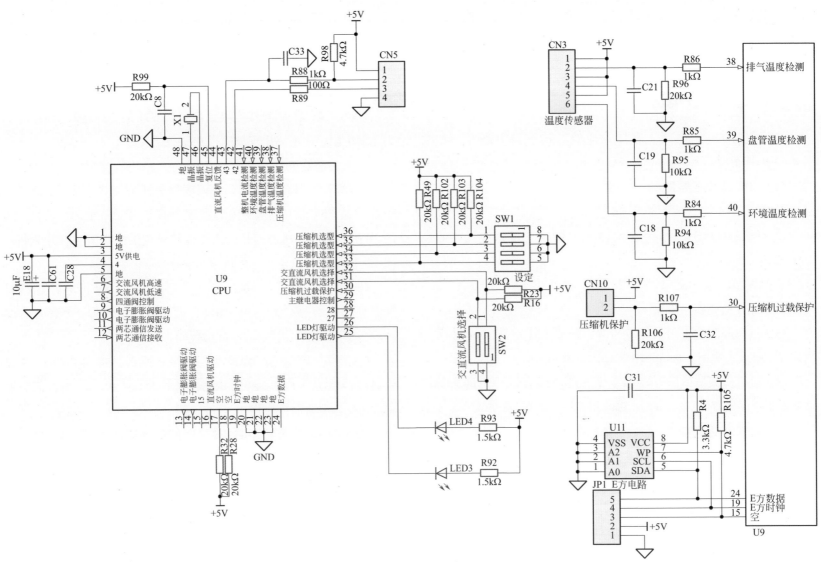

图 4-43　主 CPU 电路

## 4.6 志高挂式变频板 Pu925aY036-T 电路

志高挂式变频板 Pu925aY036-T 是一款有代表性的主板，采用无源 PFC 设计，采用双速交流风机，带电子膨胀阀功能，图 4-44 为主板实物。

图 4-44  志高挂式变频板 Pu925aY036-T 电路板

**交流滤波、软启动、交流风机驱动、四通阀驱动电路**

本节包含交流滤波电路、软启动电路、交流风机驱动电路、四通阀驱动电路，参考图 4-45 进行解说。

**（1）交流滤波电路**

室内机上电开机后，220V 交流市电送到外机主板。

火线 L-IN 通过 CN501 端子→熔断器 F501 → C505、L501、C506 组成的交流滤波电路滤波→压敏电阻 RV502 →软启动电路 RTC501 → K501 输出端子→白色连接线，送到整流桥 AC1 交流输入端。

零线 N-IN 通过 CN502 端子→ L501 → → CN508 输出端子→白色连接线，送到整流桥 AC2 交流输入端。

在该电路中，TVD501 为一个晶闸管浪涌保护器，C508、C507 为滤波电容，X501 端子接机器外壳地线。

**（2）软启动电路**

首次上电 K501 不吸合，触点断开处于等待状态，火线 L 经软启动电路 RTC501 → K501 输出端子→白色连接线，送到整流桥 AC1 交流输入端，经 B701 整流桥整流后，经 CN705 端子接外置电抗器，由 CN707 端子返回主板，给大滤波电容 C501、C502 进行充电。当电压充到 260V 以上时，U704A 的 43 脚输出高电平（5V），由反相驱动器 U503 的 3 脚输入，经内部处理后 14 脚输出低电平（0V），外机上电继电器 K501 的控制线圈上产生 12V 压降，K501 的触点吸合，将 RTC501 短路，实现软启动目的。

在实际维修中，K501 触点开路或接触不良后会引起外机待机时正常，压缩机一启动就停机，此时用万用表交流电压挡监控 K501 触点两端的电压，若在压缩机启动后电压迅速上升，则证明继电器触点损坏，更换继电器即可。

**（3）交流风机驱动电路**

U704A 的 31 脚为室外交流风机中速挡控制引脚。当外风机达到中速挡启动条件时，U704A 的 31 脚输出高电平（5V），加到反相驱动器 U503 的 7 脚，经反相驱动器 U503 内部处理后 10 脚输出低电平，K503 继电器线圈产生 12V 压降，K503 继电器触点吸合；火线 L1 → K503 触点→ CN509 的 4 脚，外风机中速挡线圈得电投入工作。

U704A 的 34 脚为室外交流风机高速挡控制引脚。当外风机达到高速挡启动条件时 U704A 的 34 脚输出高电平（5V），加到反相驱动器 U503 的 6 脚，经反相驱动器 U503 内部处理后 11 脚输出低电平，K502 继电器线圈产生 12V 压降，K502 继电器触点吸合；火线 L1 → K502 触点→ CN509 的 5 脚→外风机高速挡线圈得电投入工作。在该电路中，C521 为风机启动电容。

**（4）四通阀驱动电路**

当外机 CPU 收到制热运行指令后 U704A 的 32 脚输出 5V 高电平→送到反相驱动器 U503 的 5 脚→经 U503 内部处理后 12 脚输出低电平（0V）→ K505 线圈上产生 12V 压降→ K505 继电器触点吸合；火线 L1 通过 K505 继电器触点→经 CN510 端子加到四通阀线圈上。

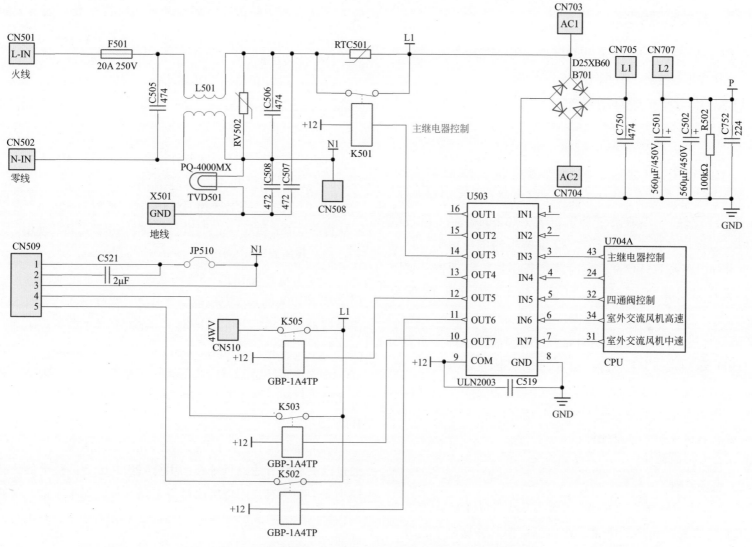

图 4-45 交流滤波、软启动、交流风机驱动、四通阀驱动电路

## 4.6.2　开关电源电路

本节电源管理芯片 U511 采用 TNY276，内部集成振荡、稳压、IGBT、电压保护等功能，参考图 4-46 进行解说。

### （1）电源管理芯片 U511 引脚功能

1 脚为稳压反馈输入端，外接稳压反馈光耦 U512。

2 脚为输出电压检测保护引脚，通过 TR501 次级线圈 → D512 → C535、C534 滤波，产生检测电压，经 R542 加到 U511 的 2 脚。正常状态下，U511 的 2 脚内部自建 5.85V 电源，U511 输出功率的大小取决于外置电容 C532 的容量。通过电路分析，当稳压环路失控导致 C534 上产生的电压高于一定值时，经 R542 进入 U511 的 2 脚内部使其保护电路动作，关闭内部开关管驱动脉冲，直到 U511 的 2 脚电压低于 4.9V 时自动恢复。

4 脚内部接开关管的漏极，外部接 TR501 开关变压器初级线圈和 D509、R549、R548、C541 组成的 DRC 阻尼削峰电路。该电路的目的是吸收尖峰脉冲，保护 U511 内部开关管，所以在实际维修中遇到上电或不定时烧 U511 的故障时一定要检查该电路元件，或者直接代换该电路元件。

5、6、7、8 脚接地。

### （2）振荡原理

300V 直流电压 P 经 TR501 初级线圈 → U511 的 4 脚送到内部开关管的漏极和启动电路，在内部振荡脉冲激励下，开关管不断地导通和截止，开关变压器 TR501 初级线圈上不断地储能和释能，次级线圈感应电压经整流滤波后供给负载使用。

### （3）直流供电

TR501 次级线圈电压经 D512 整流 → C535、C534 滤波 → U706 稳压 → C717、C533 滤波，产生 +15V 直流供电，供给负载使用。

TR501 次级线圈电压经 D514 整流 → C539、C538 滤波，产生稳定的 +12V 直流供电，供给负载使用。

TR501 次级线圈电压经 D513 整流 → C536 滤波，产生稳定的 +5V 直流供电，供给稳压采样电路、CPU 电路等负载使用。

### （4）稳压原理

当开关电源输出的 +5V 供电升高时，通过采样电阻 R546、R547 分压得到的基准电压也随之升高，当高于 2.5V 时 U513 内部比较器动作：+5V 供电经 R543 → U512 的 1-2 脚 → U513 的 K-A，对地形成电流回路。此时，U512 的 1-2 脚内部发光二极管发光，U512 的 4-3 脚导通，U511 内部激励脉冲截止，+5V 输出电压降低，实现稳压目的。当开关电源输出的 +5V 供电低于设定值时，稳压环路不动作。

在实际维修中，对于开关电源无输出或输出电压低故障，可以通过以下检修方法进行排查：用打阻法判断各路供电负载有无短路现象。如果有，用烧机法排查短路元件；如果正常，用外加可调直流供电法测试稳压环路、U511 工作是否正常。若不正常，排除即可。

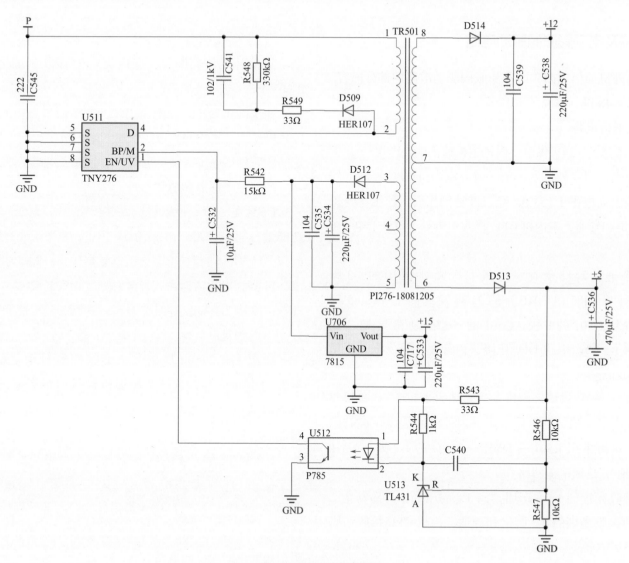

图 4-46　开关电源电路

### 4.6.3 通信及电子膨胀阀驱动电路

本节包含内外机通信电路、电子膨胀阀驱动电路两部分内容，参考图 4-47、图 4-48 进行解说。

**（1）内外机通信电路**

内外机通信电路的 +24V 供电由内机主板通信电路产生。

根据通信规则，当室外机发送信号时，室内机 CPU 控制信号发送引脚保持输出高电平 1（5V），经三极管倒相后，控制室内机发送光耦 4-3 脚饱和导通，室内机 CPU 接收引脚处于默认低电平 0（0V）待机状态。

此时，整个通信环路受到室外机发送光耦 U510 的 4-3 脚的控制。当室外机 CPU（U704B）的 25 脚发送高电平 1（5V）时，经 R507 加到 Q501 的 b 极，Q501 的 c-e 结饱和导通，经 R506 → U510 的 1-2 脚产生约 1.1V 压降，内部发光管发光，驱动 U510 的 4-3 脚饱和导通。

内机通信电路 +24V 供电经内机发送光耦的 4-3 脚→内机接收光耦的 1-2 脚→内机通信环路分压电阻→内外机通信线→ CN503 端子→ R504 →热敏电阻 R501 → D501 → U509 的 1-2 脚→ U510 的 4-3 脚→ N（地），形成电流回路。

此时内机接收光耦的 1-2 脚产生约 1.1V 的压降，内部发光二极管发光，驱动接收光耦的 4-3 脚饱和导通，内机 CPU 接收引脚得到高电平 1（5V）。

当室外机 CPU（U704B）的 25 脚发送低电平 0（0V）时，默认通信环路短路断开，室内机 CPU 接收到的为默认值低电平 0（0V）。

在实际维修中，该电路出现问题后内机主板或检测仪报 F1 故障代码，用厂家检测仪可以快速判断内机主板或外机主板问题，确定问题后再用电压法锁定范围，用电阻法找到坏件。

**（2）电子膨胀阀驱动电路**

U504 是一个 8 位串行输入并行输出的移位寄存器。对其各脚功能进行简单介绍：16 脚为 5V 供电；8 脚接地；1、2、3、4、5、6、7、15 脚为同相、三态、锁存数据输出；9 脚为同相串行数据输出；14 脚为串行数据输入，该引脚上的数据被移入 8 位串行移位寄存器；12 脚为存储锁存时钟输入；13 脚为输出使能控制，低电平有效；10 脚为复位引脚，低电平复位，接 +5V 供电表示永不复位。

每次上电 U704 控制电子膨胀阀先自动复位，再调到 300 步左右中间位置，待命；压缩机运行中根据系统内外机传感器数据微调电子膨胀阀，使其与系统运行匹配达到最佳制冷制热状态。

U704C 的 33 脚根据控制时序输出高电平信号，送到 U504 的 14 脚，经内部处理后由 15、1、2、3 脚输出高电平信号，控制相驱动器 U505 的 1、2、3、4 脚输入，经内部处理后由 16、15、14、13 脚输出相应逻辑的低电平信号，控制电子膨胀阀相应线圈得电，吸引阀针正向或反向运动。

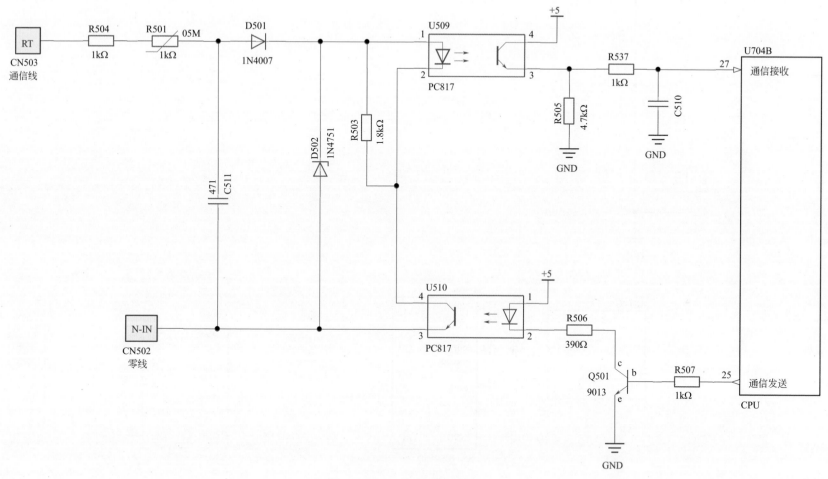

图 4-47　外机通信电路

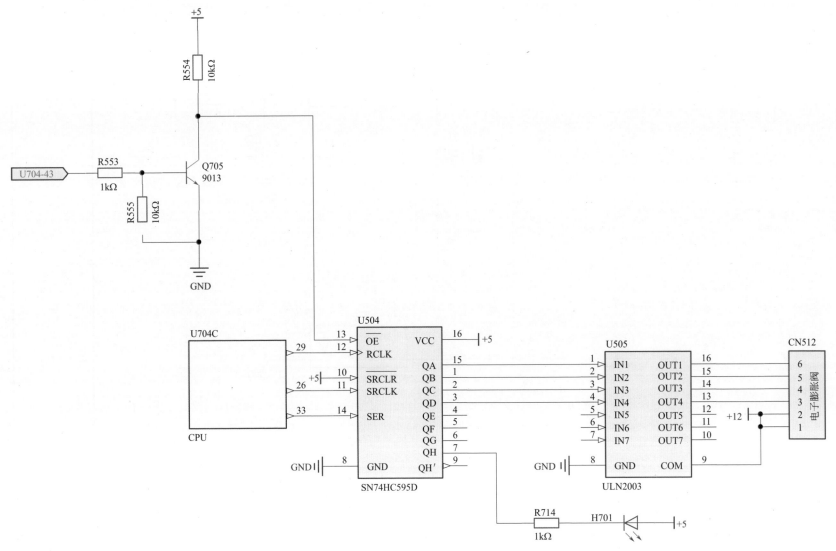

图 4-48　电子膨胀阀驱动电路

## 4.6.4 变频压缩机驱动、交流电压检测电路

本节包含交流电压检测电路、变频压缩机驱动电路，参考图 4-49、图 4-50 进行解说。

### (1) 交流电压检测电路

参考图 4-49，该电路主要由两部分组成：由 U709A 的 1、2、3 脚及外围元件组成交流电压检测电路，由 U709B 的 5、6、7 脚及外围电路组成交流电压保护电路。

L1、N1 两路信号差分降压后，经 U709A 内部处理计算出交流电压值，由 1 脚输出，经限流电阻 R760 分成两路：一路送到 U704 的 3 脚，通过内部逻辑运算计算出交流电压值；另一路直接送到 U709B 的 5 脚，与 6 脚基准 2.5V 电压进行比较，正常时 5 脚电压大于 6 脚电压，7 脚为高电平 5V，直接送到 U704 的 12 脚。

在实际维修中该电路出现问题内机报 P7 故障代码，用电压法、电阻法排查即可。

### (2) 变频压缩机驱动电路

① U708 变频模块引脚功能　U708 的 26、24、22 脚为 U、V、W 自举升压输入引脚。C734、C733、C736、C735、C737、C738 为自举升压电容。

U708 的 20、19、18、14、13、12 脚为六路驱动输入引脚，通过限流电阻 R707、R709、R711、R708、R710、R712 与 U704 的 35、37、39、36、38、40 脚连接。在该电路中，C741、C743、C745、C742、C744、C746 为高频滤波电容。

U708 的 17、16 脚为内部驱动电路 15V 供电。

U708 的 11 脚为模块过电流保护电压输出（VFO）引脚，正常运行时默认为 3.2V 高电平，当模块内部检测到故障时输出瞬间低电平，同时关断下半桥驱动信号。该引脚通过限流电阻 R748 连接到 U708 的 16 脚。

U708 的 10 脚为过电流检测硬件保护输入引脚，该脚电压大于 0.5V 时内部保护电路动作，关闭六路驱动，控制 11 脚输出反转电压信号。

U708 的 7、8、9 脚内接 U、V、W 开关管下半桥源极，通过采样电阻 R750 接地。

U708 的 3 脚为 300V 直流母线供电输入端。

U708 的 2 脚外接模块温度分压电阻 R536、R535，将模块温度数据传送给 U704 的 8 脚。

② 压缩机相电流检测电路　压缩机相电流检测电路主要由 U707A 的 1、2、3 脚及外围元件组成。通过电路分析，这是一个差分放大器电路。利用差分放大器计算公式和电阻串联计算公式可以算出 U707A 待机时的 1 脚电压为 2.5V，2、3 脚电压为 0.675V。

在实际维修中，该电路出现问题，会引起压缩机不启动，采用电压法、电阻法判定故障元件修复即可。

## 4.6.5 CPU 电路

本节包含 U704 主电路、直流母线电压检测电路、传感器电路、压缩机型选择电路等，参考图 4-51 进行解说。

### (1) CPU 工作三要素

① 供电。U704 的 6、7、20、21、44 脚为芯片 5V 供电。

② 复位。U704 的 22 脚为复位输入引脚，通过外接元件 C509、R526 实现低电平复位。

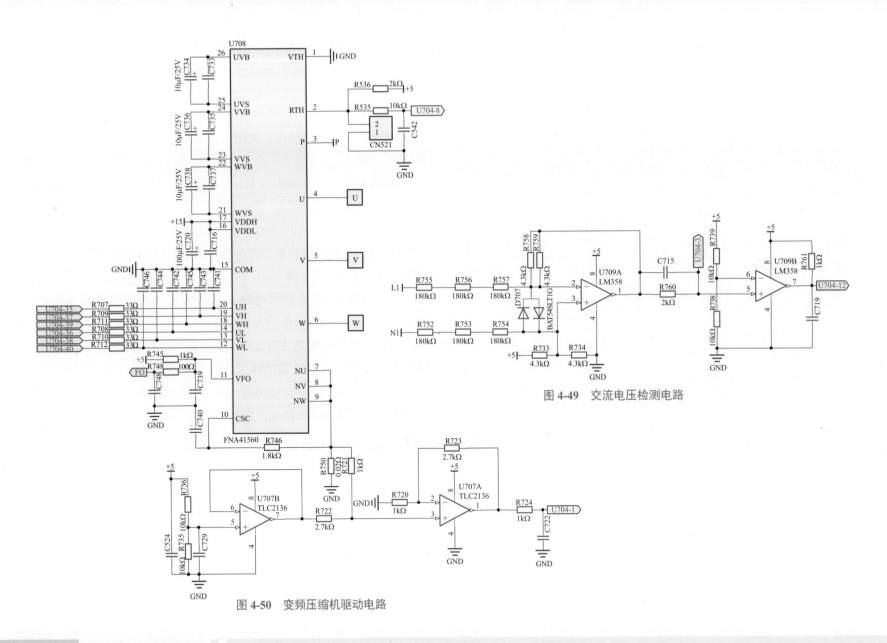

图 4-49　交流电压检测电路

图 4-50　变频压缩机驱动电路

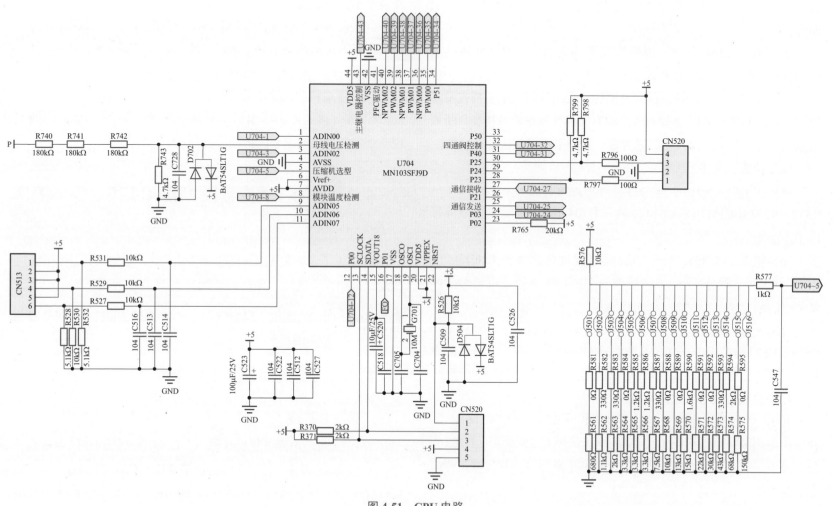

图 4-51　CPU 电路

在实际维修中，如果怀疑复位电路有问题可以采用人工复位的方法进行测试。用一把防静电小镊子，将 C509 直接短接一下即可。

③ 晶振。U704 的 18、19 脚为晶振输入引脚，通过外接晶体 G701 和电容 C705、C704 实现。

在实际维修中，若怀疑晶振有问题，采用万用表频率挡或示波器直接测量 G701 的 1、2 脚对地之间有无标称频率即可初步判断该电路的好坏。如果测试发现频率异常，可以采用代换法进行检修。

**（2）传感器电路**

+5V 供电经 CN513-2 → 5kΩ 外环境温度传感器→ CN513-1 → R532、R531 电阻分压→ C514 滤波→ U704 的 9 脚。该电路故障报 F6 代码。

+5V 供电经 CN513-3 → 50kΩ 排气温度传感器→ CN513-4 → R530、R529 电阻分压→ C513 滤波→ U704 的 10 脚。该电路故障报 F9 代码。

+5V 供电经 CN513-5 → 5kΩ 外盘管温度传感器→ CN513-6 → R528、R527 电阻分压→ C516 滤波→ U704 的 11 脚。该电路故障报 F7 代码。

**（3）直流母线电压检测电路**

300V 直流母线电压 P 经电阻 R740 → R741 → R742 降压后，在下拉电阻 R743 上产生约 2.58V 的电压，经 C728 滤波→ D702 钳位二极管，送到 U704 的 2 脚，经过内部逻辑运算计算出直流母线电压参考值。

该部分电路出现故障会引起外机不启动，可以采用电压法直接检测母线电压真实值，再用电阻串联计算公式计算出 R743 上的分

压值，与万用表测量结果进行对比即可判定该电路是否正常。值得注意的是，如果该电路电阻器的检测采用电阻法，则必须先将其中某个电阻取下来，再在路检测其他电阻器的好坏，与标称值进行比对。如果直接在路用电阻法测量，则会由于受到大滤波电容的影响无法测出好坏，并且容易引起误判。

**（4）压缩机型选择电路**

U704 外接元件为压缩机型号选择跳线。在安装主板时，根据说明书将压缩机型配套的跳线保留即可。

## ▶ 4.7 美博挂式变频板 MILAN35GC-MBP 电路

美博挂式变频板 MILAN35GC-MBP 是一款具有代表性的经典机型，采用交流风机、有源 PFC 设计，图 4-52 为电路板实物。

### 4.7.1 交流滤波、软启动、交流风机驱动、四通阀驱动电路

本节包含交流滤波电路、软启动电路、交流风机驱动电路、四通阀驱动电路，参考图 4-53 进行解说。

**（1）交流滤波电路**

220V 交流市电经外机接线排 AC-L、AC-N 送到外机主板。

火线 L 通过 P1 端子→ 熔断器 F1 → CX2、L2、CY1、L1、CX1 组成的交流滤波电路滤波→压敏电阻 RV1 →主板铜箔 L1，送到整流桥交流输入端。

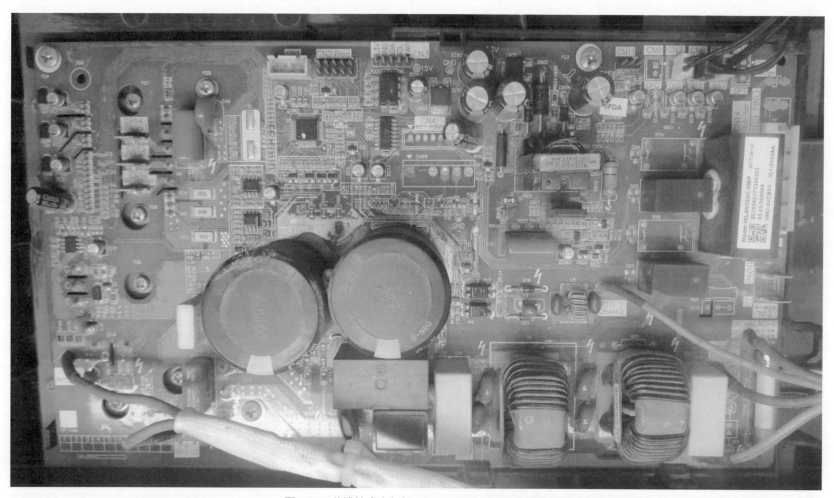

图 4-52　美博挂式变频板 MILAN35GC-MBP 电路板

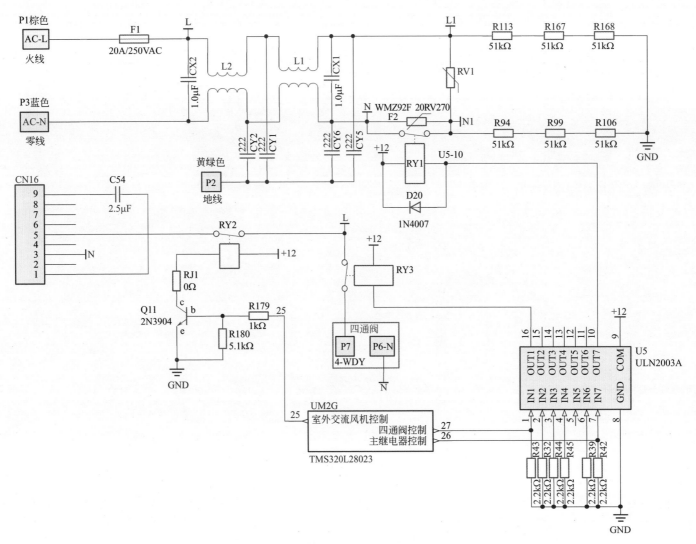

图 4-53 交流滤波、软启动、交流风机驱动、四通阀驱动电路

零线 N 通过 P3 端子→ L2 → L1 →软启动电路 F2 →主板铜箔 N1，送到整流桥交流输入端。

在该电路中，L1、L2 为交流滤波扼流圈，CY2、CY1、CY5、CY6 为滤波电容，P2 端子接机器外壳地线。

**（2）软启动电路**

参考图 4-53、图 4-54，首次上电 RY1 不吸合，触点断开处于等待状态，零线 N 经软启动电路 F2 →主板铜箔 N1 送到整流桥交流输入端，经 D15 整流桥整流后，经 P4 端子接到外置电抗器，经 P5 端子返回主板，经续流二极管 D14 给大滤波电容 C14、C15 进行充电，当电压充到 260V 以上时，UM2G 的 26 脚输出高电平（5V），由反相驱动器 U5 的 7 脚输入，经内部处理后 10 脚输出低电平（0V），外机上电继电器 RY1 的控制线圈上产生 12V 压降→ RY1 的触点吸合将热敏电阻 F2 短路，实现软启动目的。

在实际维修中，RY1 触点粘连或 F2 短路会引起首次上电开机跳闸，再次上电开机运行正常，这就是由软启动失效引起的，重点检查 F2 和 RY1 继电器即可。

**（3）交流风机驱动电路**

UM2G 的 25 脚为室外交流风机控制引脚。

当外风机达到启动条件时，UM2G 的 25 脚输出高电平（5V），通过电阻 R179 加到 Q11 的 b 极，Q11 的 c-e 结饱和导通，RY2 继电器线圈产生 12V 压降，RY2 继电器触点吸合，火线 L 经 RY2 触点→ CN16 的 5 脚，外风机线圈得电，投入工作。

在该电路中，C54 为风机启动电容。

CN16 的 3 脚为零线 N 输入。

**（4）四通阀驱动电路**

当外机 CPU 收到制热运行指令后 UM2G 的 27 脚输出 5V 高电平，送到反相驱动器 U5 的 1 脚，经 U5 内部处理后 16 脚输出低电平（0V），RY3 线圈上产生 12V 压降，RY3 继电器触点吸合，火线 L 通过 RY3 继电器触点，经 P7 端子加到四通阀线圈上。零线 N 经 P6 端子加到四通阀线圈上，四通阀线圈得电投入工作，控制制冷系统流向改变，实现内机制热目的。

## 4.7.2　PFC 功率因数校正电路

本节包含过零检测电路、母线电压检测电路、PFC 驱动电路、PFC 电流检测电路等，参考图 4-54 进行解说。

**（1）过零检测电路**

经 D15 整流后产生 260V 左右 100Hz 脉动直流电压，经 R98、R104、R108 降压电阻与采样电阻 R116 分压后，得到约 1.7V 100Hz 信号电压，经电阻 R13 → C12 高频滤波→ D4 钳位，送到 UM2A 的 9 脚作为过零检测信号，为 PFC 驱动提供参考。

**（2）母线电压检测电路**

经整流滤波后的 300V 左右直流母线电压 P 经 R85、R95、R102、R111 降压电阻与采样电阻 R117 分压后得到约 2.25V 的参考电压，经电阻 R18 → C16 滤波→ D6 钳位，送到 UM2A 的 6 脚，经内部逻辑运算后得出直流母线电压参考值，为 PFC 控制提供参考。

**（3）PFC 驱动电路**

当 CPU 检测到直流母线电压降到一定值时，启动 PFC 电路，同时检测 PFC 整机电流，智能控制 PFC 功率因数校正电路，使直流母线输出电压保持在 320 ～ 350V，实现变频压缩机的最佳性能。

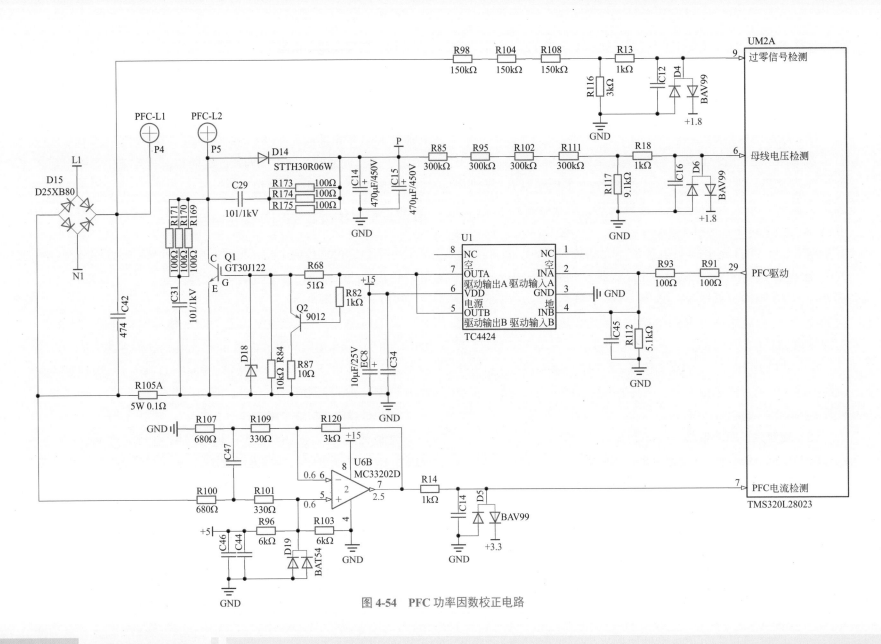

图 4-54 PFC 功率因数校正电路

当 UM2A 检测压缩机运行频率及直流母线电压达到 PFC 启动阈值时，UM2A 的 29 脚输出 0～5V 几十千赫兹的 PWM 开关信号，经限流电阻 R91、R93 送到 PFC 专用放大器 U1 的 2、4 脚，经内部放大后由 7、5 脚输出 0～15V 几十千赫兹的 PWM 开关信号，再经限流电阻 R68，送到 IGBT Q1 的控制极，使 Q1 工作在 UM2A 的驱动控制下。

在该电路中，电阻 R84 为放电电阻，Q2、R82、R87 组成放电电路，保证 Q1 在截止期间控制极上的电荷迅速泄放掉。D18 为一个 24V 稳压二极管，在该处起保护作用，防止 Q1 的 C-G 击穿后高电压损坏后级电路。

当 Q1 导通时，外置电抗器上开始存储电能，当 Q1 截止时，外置电抗器上存储的电能与 100Hz 脉动直流电进行叠加后经续流二极管 D14 一并给滤波电容 C14、C15 充电，达到升压的目的。

**(4) PFC 电流检测电路**

PFC 电流检测电路由 U6B 的 5、6、7 脚及外围元件组成，通过电路分析，这是一个差分放大器电路。

该差分放大器的 6 脚通过电阻 R109、R107 接地。R120 为负反馈电阻。该差分放大器与传统差分放大器的不同之处在于上拉供电电路进行了改变，很容易使人认为这是一个同相放大器电路。

参考图 4-54，将上拉供电电路（+5V → R96 → R103 →接地）转化成 2.5V 供电，上拉 3kΩ 电阻的电路就跟传统差分放大器电路结构一样。再利用差分放大器及电阻串联公式算出待机时 U6B 的 5、6、7 脚电压，实际维修时利用电压法即可找到故障元件，修复机器。

本节电源管理芯片 U901 采用 LD7537，内部集成振荡、稳压、过电流和电压保护等功能，参考图 4-55 对其工作原理进行解说。

**(1) LD7537 引脚功能**

1 脚接地。

2 脚为稳压反馈输入端，外接稳压反馈电路。

3 脚为输入电压检测端。通过外接 P →电阻 R904、R905、R906 降压→采样电阻 R907 上产生约 2.1V 电压→ C902 滤波，送到 U901 的 3 脚。如果该电压低于保护阈值，内部锁定，停止开关管驱动脉冲输出。

4 脚为开关管电流采样输入端，通过外接电阻 R914 ←采样电阻 R915、R916、R917 实现。

5 脚为启动及芯片供电端。

6 脚为开关管激励脉冲输出端，输出通过 R912 加到开关管的控制极上。

**(2) 振荡原理**

首次上电零线 N 通过启动电阻 R901 → R902 → R903 给电容器 EC901 充电，当电压充到 16V 时，U901 内部振荡电路开始工作，U901 的 6 脚输出驱动脉冲电压，经电阻 R912 送到开关管的控制极，开关管不断地导通和截止，开关变压器 T901 初级线圈上不断地储能和释能→次级线圈感应电压经整流滤波后供给负载使用。

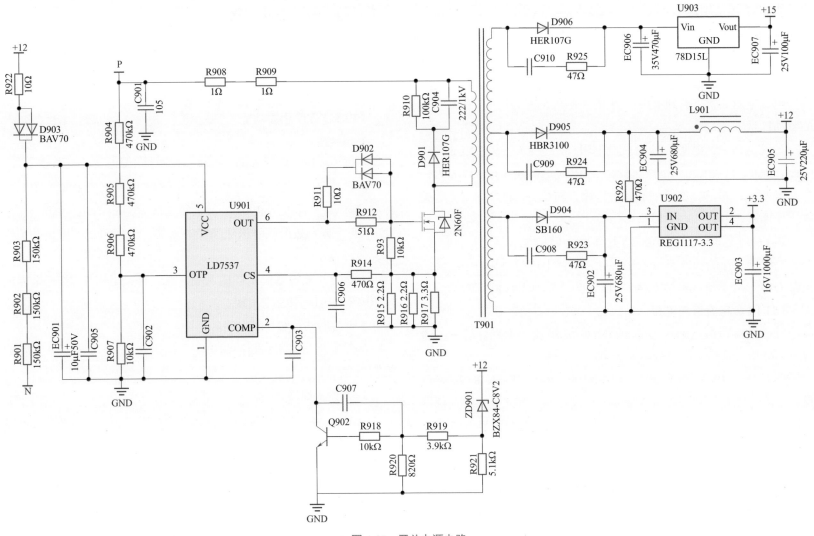

图 4-55 开关电源电路

其中，次级产生 +12V 供电分出一路，经 R922 → D903，为 U901 的 5 脚提供 11V 左右的持续工作电压。当某种原因导致该供电低于 8.5V 时，内部振荡电路停止工作。在该电路中，D901、R910、C904 为阻尼削峰电路。

### （3）直流供电

T901 次级线圈电压经 D906 整流 → EC906 滤波 → U903 稳压 → EC907 滤波，产生 +15V 直流供电，供给负载使用。

T901 次级线圈电压经 D905 整流 → EC904、L901、EC905 滤波，产生稳定的 +12V 直流供电，供给负载使用。

T901 次级线圈电压经 D904 整流 → EC902 滤波 → U902 稳压 → EC903 滤波，产生稳定的 +3.3V 直流供电，供给 CPU 电路等负载使用。

### （4）稳压电路

稳压电路主要由 C907、Q902、R918、R920、R919、R921、ZD901、+12V 供电组成。ZD901 是一个 8.2V 稳压二极管，当 +12V 供电升高时，ZD901 导通，电压通过 R919 → R918，驱动 Q902 饱和导通，U901 的 2 脚被旁路，内部开关管驱动被关断，输出电压降低，实现稳压目的。当输出电压低于正常值时，稳压电路不启控。

在实际维修中，开关电源电路出现故障可以采用电阻法、打阻法、烧机法、电压法、干预法等综合维修技法进行检修。

## 4.7.4 通信及传感器电路

本节包含内外机通信电路、传感器电路两部分内容，参考图 4-56、图 4-57 分别进行解说。

### （1）内外机通信电路

内外机通信电路的 +24V 供电由内机主板通信电路产生。

根据通信规则，当室外机发送信号时，室内机 CPU 控制信号发送引脚保持输出高电平 1（5V），经三极管倒相后，控制室内机发送光耦 4-3 脚饱和导通，内机 CPU 接收引脚处于默认低电平 0（0V）待机状态。

此时，整个通信环路受到室外机发送光耦 P17 的 4-3 脚的控制。当室外机 CPU（UM2E）的 16 脚发送高电平 1（5V）时，经 R127 加到 Q6 的 b 极，Q6 的 c-e 结饱和导通，P17 的 1-2 脚产生约 1.1V 压降，内部发光管发光，驱动 P17 的 4-3 脚饱和导通。

内机通信电路 +24V 供电经内机发送光耦的 4-3 脚 → 内机接收光耦的 1-2 脚 → 内机通信环路分压电阻 → 通信线 S → P10 端子 → L5 → D16 → R124 → P9 的 1-2 脚 → P17 的 4-3 脚 → F3 → L5 → N（地），形成电流回路。

此时，内机接收光耦的 1-2 脚产生约 1.1V 的压降，内部发光二极管发光，驱动接收光耦的 4-3 脚饱和导通，内机 CPU 接收引脚得到高电平 1（5V）。

当室外机 CPU（UM2E）的 16 脚发送低电平 0（0V）时，默认通信环路短路断开，室内机 CPU 接收到的为默认值低电平 0（0V）。

在实际维修中，该电路出现问题后检测仪报通信异常故障代码，用变频空调检测仪可以快速判断内机主板或外机主板问题，确定问题后再用电压法锁定范围，用电阻法找到坏件。

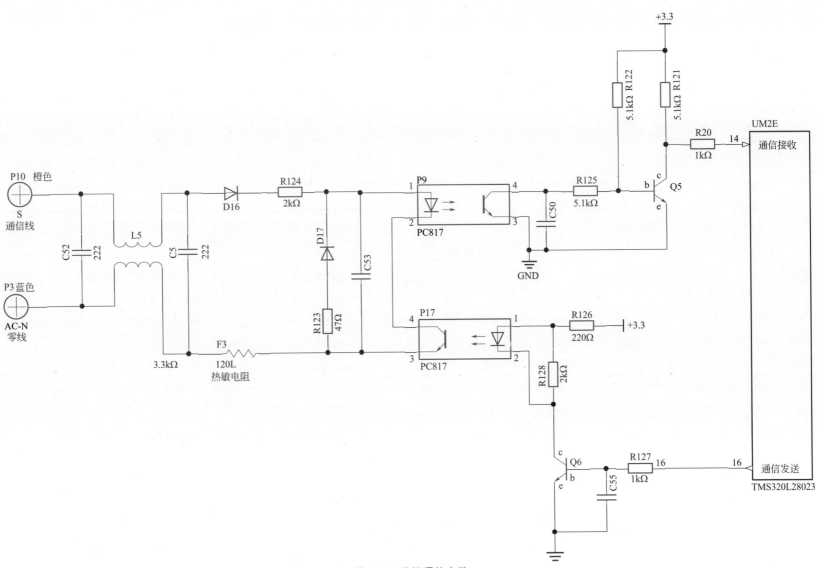

图 4-56 外机通信电路

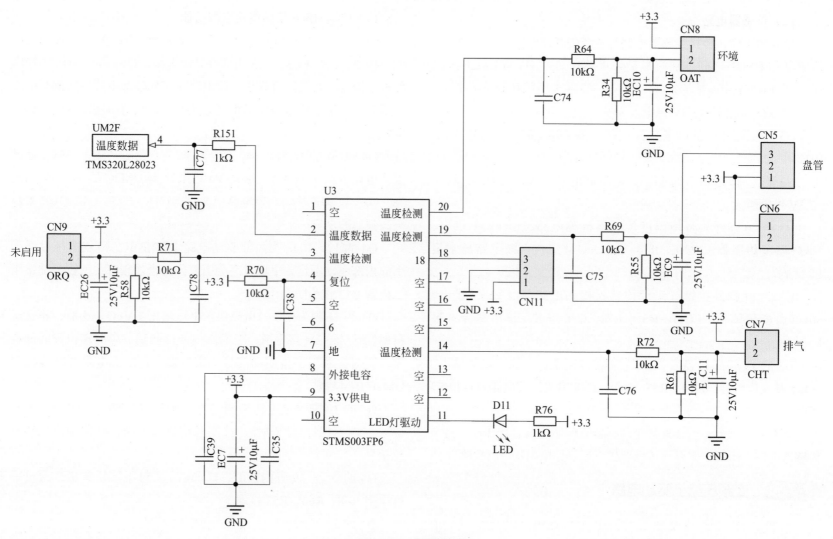

图 4-57  传感器电路

## (2) 传感器电路

参考图 4-57，该机传感器电路与传统传感器电路有所不同，在传感器与 UM2F 之间增加模拟量采集芯片 U3。U3 与 UM2F 之间通过电阻 R151 相连进行数据传输。对 U3 主要引脚功能介绍如下。

U3 的 9 脚外接 +3.3V 供电。

U3 的 4 脚外接低电平复位电路，由 C38、R70、+3.3V 供电组成。

U3 的 11 脚为 LED 灯驱动，输出低电平有效，由 D11、R76、+3.3V 供电组成。

U3 的 20 脚外接环境温度传感器检测电路，由 +3.3V 供电、10kΩ 温度传感器、EC10、R34、R64、C74 组成。该电路异常报 F8 代码。

U3 的 14 脚外接排气温度传感器检测电路，由 +3.3V 供电、50kΩ 温度传感器、EC11、R61、R72、C76 组成。该电路异常报 F5 代码。

U3 的 19 脚外接盘管温度传感器检测电路，由 +3.3V 供电、10kΩ 温度传感器、EC9、R55、R69、C75 组成。该电路异常报 F7 代码。

在实际维修中，若怀疑某个传感器有问题可以直接代换，检测传感器电路电阻时，需要将传感器拔下后再用电阻法进行检测。

### 4.7.5 变频压缩机驱动电路

该机压缩机驱动模块 Q4 采用 FNA41560，内部集成 6 个 IGBT，具有驱动放大、电流保护、电压保护等功能，参考图 4-58 进行解说。

## (1) FNA41560 变频模块引脚功能

Q4 的 26、24、22 脚为 U、V、W 自举升压输入引脚。EC1、C1、EC2、C6、EC3、C13 为自举升压电容，D1、D9、D12 为稳压保护二极管。在实际维修中，该电路任何元件漏电或短路都会引起自举升压不足，机器报压缩机过电流故障，用打阻法加对比法排查即可。

Q4 的 20、19、18、14、13、12 脚为六路驱动输入引脚，通过限流电阻 R8、R6、R22、R9、R19、R23 与 UM2C 的 37、39、41、38、40、42 脚连接。在该电路中，C5、C11、C25、C4、C10、C24 为高频滤波电容。

Q4 的 17、16 脚为内部驱动电路 15V 供电，该点电压过低会引起内部驱动不足，电压过高会引起内部模块损坏，所以外加稳压二极管 D13 作为防高压保护。

Q4 的 11 脚为模块过电流保护电压输出（VFO）引脚，正常运行时默认为 3.2V 高电平，当模块内部检测到故障时输出瞬间低电平，同时关断下半桥驱动信号。该引脚通过限流电阻 R10 连接到 UM2C 的 47 脚。

Q4 的 10 脚为过电流检测硬件保护输入引脚，该脚电压大于 0.5V 时内部保护电路动作，关闭六路驱动控制，11 脚输出反转电压信号。

Q4 的 7、8、9 脚内接 U、V、W 开关管下半桥源极，通过采样电阻 R78、R60、R52 接地。

Q4 的 3 脚为 300V 直流母线供电输入端。

Q4 的 2 脚外接模块温度分压电阻 RP46、R30，将模块温度数据传送给 UM2 的 8 脚。

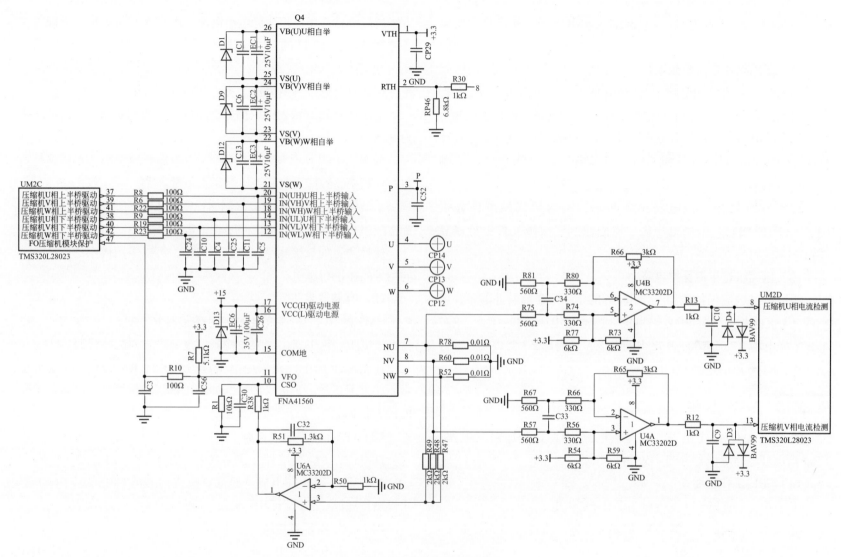

图 4-58  压缩机驱动电路

Q4 的 4、5、6 脚为 U、V、W 电压输出引脚，外接直流变频压缩机。

### (2) 压缩机相电流检测电路

压缩机相电流检测电路主要由 U4 的 1、2、3 脚和 5、6、7 脚及外围元件组成 V、U 相电流检测电路。通过电路分析，这是两个差分放大器电路。利用差分放大器计算公式和电阻串联计算公式计算出 U4 的待机电压为：1 脚 1.65V，2 脚 0.37V，3 脚 0.37V，5 脚 0.37V，6 脚 0.37V，7 脚 1.65V。

在实际维修中，该电路出现问题，室内机或检测仪会报 F1、F2 故障代码，采用电压法、电阻法判定故障元件进行修复即可。

### (3) 压缩机过电流保护电路

压缩机过电流保护电路主要由 U6 的 1、2、3 脚及外围元件组成的 2.3 倍同相放大器组成。U6 的 3 脚通过电阻 R49、R48、R47 采集采样电阻 R78、R60、R52 上的电压，经内部 2.3 倍放大后，再经 R38、R1 分压后送到 Q4 的 10 脚。

## 4.7.6 CPU 电路

本节包含 UM2 主电路、存储器电路、JTAG 程序烧写电路、LED 指示灯电路等，参考图 4-59 进行解说。

### (1) CPU 工作三要素

① 供电。UM2 的 11、35 脚为芯片 5V 供电。

② 复位。UM2 的 3 脚为复位输入引脚，通过外接元件 R26、C18、R24 实现低电平复位。

在实际维修中，如果怀疑复位电路有问题可以采用人工复位的方法进行测试。用一把防静电小镊子，将 C18 直接短接一下即可。

③ 晶振。UM2 的 46、45 脚为晶振输入引脚，通过外接晶体 X1、电容 C7、C15 实现。

在实际维修中判断晶振是否正常的方法有以下几种。

电压法：用万用表电压挡分别测量晶振两端对地电压，电压差为 0.2V 初步判断晶振正常。

频率法：用万用表频率挡测试 X1 两端对地频率，观察其是否与标称频率一致即可判断该电路是否正常。

示波法：用示波器直接检测 X1 两端对地波形，观察其是否与标称频率一致即可判断该电路是否正常。

代换法：如果检测晶振电路不启振，可以采用代换法更换一个同型号晶振进行试机。

### (2) 存储器电路

UM2 的 31、36 脚直接连接到存储器 IC1 的 5、6 脚，R2、R3 为上拉电阻。该电路出现故障检测仪报 E 方错误故障代码。

在实际维修中，先采用电阻法检测 R2、R3、R5、R4 是否正常。如果不正常，则更换即可。如果正常仍然报故障，则重新烧写 IC1 存储器数据。

### (3) JTAG 程序烧写电路

JTAG 程序烧写电路主要由 UM2 的 2、20、21、22、23 脚与 CN2 插排及外围元件组成。通常更换或初装的 CPU 为空白 CPU，主板贴片完成后才进行程序烧写，通过该 JTAG 接口实现。

### (4) LED 指示灯电路

+3.3V 供电经电阻 R36 → D10 → UM2 的 19 脚。当需要 D10 点亮时，UM2 输出低电平有效。

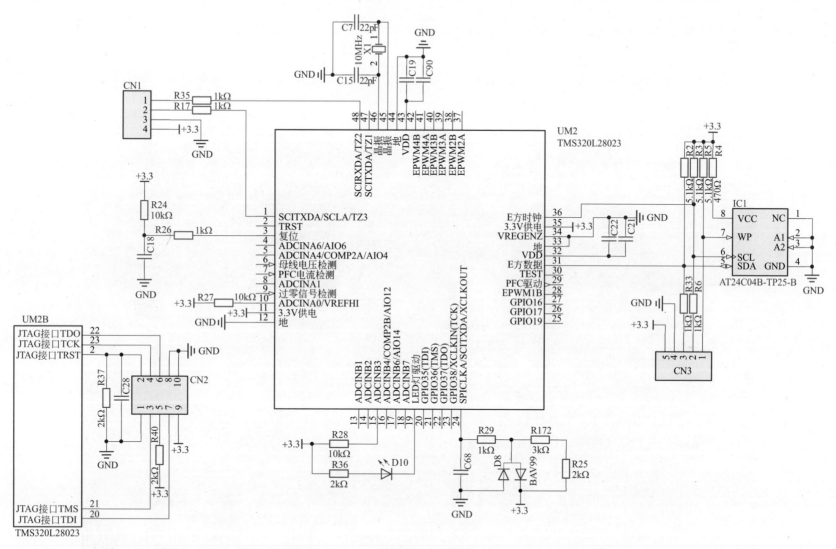

图 4-59　CPU 电路

# 4.8 格兰仕挂式变频板 GAL1135UK-11 电路

格兰仕挂式变频板 GAL1135UK-11 是一款经典机型，具有一定的代表性，电路设计采用双芯片、无源 PFC、交流风机，图 4-60 为电路板实物。

图 4-60　格兰仕 GAL1135UK-11 变频板

## 4.8.1 交流滤波、软启动、整机电流检测、交流风机驱动、四通阀驱动电路

本节包含交流滤波电路、软启动电路、整机电流检测电路、交流风机驱动电路、四通阀驱动电路，参考图 4-61 进行解说。

**（1）交流滤波电路**

火线 L 通过主板端子→熔断器 FUSE1 →压敏电阻 ZR1 → C1、L1、C2 组成的交流滤波电路滤波→软启动电路 PTC1 →电流互感器 T1，送到整流桥 BR1 交流输入端。

零线 N 通过主板端子→ L1，送到整流桥 BR1 交流输入端。

在该电路中，SA401 为放电管，ZR2 为压敏电阻，C76、C77 为滤波电容，GND 端子接机器外壳地线。

**（2）软启动电路**

首次上电 RY-QD 继电器不吸合，触点断开处于等待状态，火线 L 经过软启动电阻 PTC1 →整流桥 BR1 交流输入端→ BR1 整流桥整流→外置电抗器，给大滤波电容 E1、E2 进行充电，当电压充到 260V 以上时，IC2A 的 2 脚输出高电平（5V），送到反相驱动器 IC9 的 1 脚，经 IC9 内部处理后 16 脚输出低电平，上电继电器 RY-QD 的控制线圈上产生 12V 压降，RY-QD 的触点吸合，将 PTC1 短路，实现软启动目的。

在实际维修中，PTC1 开路会引起外机主板上电无反应，内机报通信故障；PTC1 后级短路会引起开机上电无反应，PTC1 严重发热；RY-QD 继电器触点粘连会引起首次上电开机跳闸，再次上电开机正常；RY-DQ 继电器不吸合或触点接触不良会引起上电开机时压缩机一启动就停机。

**（3）整机电流检测电路**

整机电流检测电路主要由电流互感器 T1 将感应到的电流信号转换成电压信号，经二极管 D3 整流→ R33、R32 分压→ E12 滤波→电阻 R31 → C21 滤波，送到 IC2D 的 34 脚，经内部逻辑运算出整机电流值。在该电路中，R11 为负载电阻，D2 为钳位二极管。

**（4）交流风机驱动电路**

IC2A 的 21、23 脚为室外交流风机高、低速控制引脚。以低挡为例介绍其控制原理，当外风机达到低速挡启动条件时，IC2A 的 23 脚输出高电平（5V），加到反相驱动器 IC9 的 3 脚，经反相驱动器 IC9 内部处理后 14 脚输出低电平，RY-LFAN 继电器线圈产生 12V 压降，RY-LFAN 继电器触点吸合；火线 L → RY-LFAN 继电器触点→ CN-OFAN 的 5 脚端子，外风机低速挡线圈得电投入工作。

**（5）四通阀驱动电路**

当 CPU 接收到制热运行指令后 IC2A 的 1 脚输出高电平（5V），送到反相驱动器 IC9 的 4 脚，经 IC9 内部处理后 13 脚输出低电平（0V），RY-HOT 线圈上产生 12V 压降，RY-HOPT 继电器触点吸合；火线 L 通过 RY-HOT 继电器触点→ HOT 端子加到四通阀线圈上。

## 4.8.2 开关电源电路

本节电源管理芯片 IC10 采用 VIPer22，内部集成振荡、稳压、IGBT、电压保护等功能，参考图 4-62 对其工作原理进行解说。

**（1）VIPer22 引脚功能**

1、2 脚接地。

3 脚为稳压反馈输入端，外接稳压反馈光耦 PC403、滤波电容 C88。

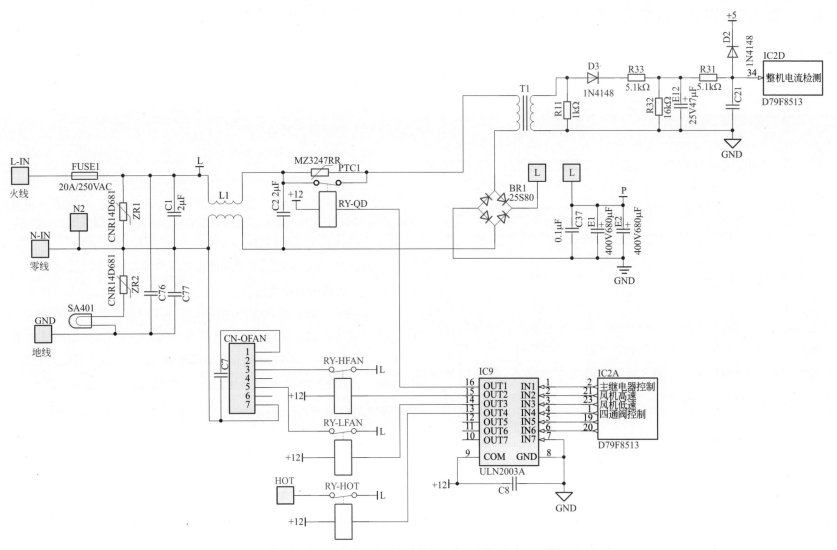

图 4-61　交流滤波、软启动、整机电流检测、交流风机驱动、四通阀驱动电路

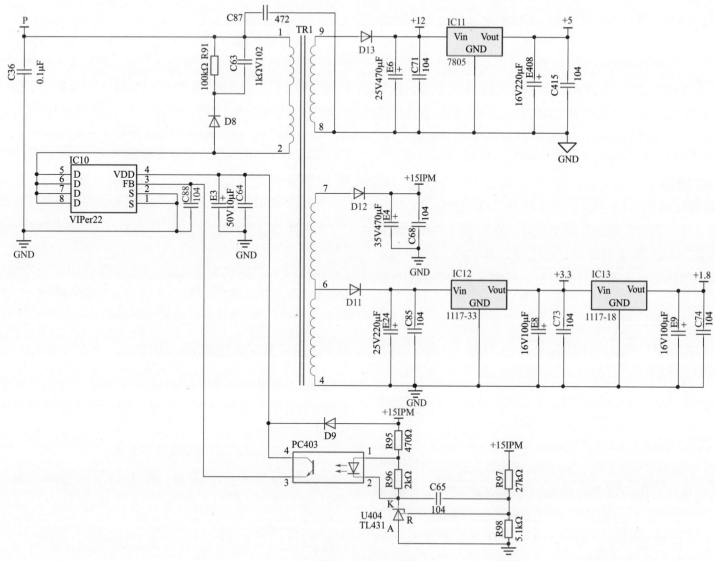

图 4-62  开关电源电路

4 脚为二次供电输入端，外接 E3、C64 滤波电容，通过 D9 接 +15V 供电。

5、6、7、8 脚内部接开关管的漏极，外部接 TR1 开关变压器初级线圈和 D8、R91、C63 组成的 DRC 阻尼削峰电路。该电路的目的是吸收尖峰脉冲保护 IC10 内部开关管，所以在实际维修中遇到上电或不定时烧 IC10 的故障时一定要检查该电路元件，或者直接代换该电路元件。

**（2）振荡原理**

300V 直流电压 P 经 TR1 初级线圈→ IC10 的 5、6、7、8 脚，送到内部开关管的漏极及启动电路，在内部振荡脉冲激励下，开关管不断地导通和截止，开关变压器 TR1 初级线圈上不断地储能和释能，次级线圈感应电压经整流滤波后供给负载使用。

**（3）直流供电**

TR1 次级线圈电压经 D13 整流→ E6、C71 滤波，产生 +12V 直流供电，供给继电器、反相驱动器等负载使用。

+12V 直流供电经 IC11 三端稳压器 7805 稳压，E408、C415 滤波→产生稳定的 +5V 直流供电，供给负载使用。

TR1 次级线圈电压经 D12 整流→ E4、C68 滤波，产生 +15V 直流供电，供给电源管理芯片、变频模块等负载使用。

TR1 次级线圈电压经 D11 整流→ E24、C85 滤波，IC12 稳压→ E8、C73 滤波，产生稳定的 +3.3V 直流供电，供给负载使用。

+3.3V 直流供电经 IC13 稳压→ E9、C74 滤波产生稳定的 +1.8V 直流供电，供给负载使用。

**（4）稳压原理**

当开关电源输出的 +15V 供电升高时，通过采样电阻 R97、R89 分压得到的基准电压也随之升高，当高于 2.5V 时 U404 内部比较器动作：+15V 供电经 R95 → PC403 的 1-2 脚→ U404 的 K-A，对地形成电流回路。此时，PC403 的 1-2 脚内部发光二极管发光，PC403 的 4-3 脚导通，IC10 内部激励脉冲截止，+15V 输出电压降低，实现稳压目的。当开关电源输出的 +15V 供电低于设定值时，稳压环路不动作。

在实际维修中，开关变压器匝间短路故障虽然只有较小的概率，但一直是个难点，用电桥这个工具可以快速判断其好坏，方法如下。

开关变压器匝间短路引起输出电压低或烧 IC10 电源管理 IC，用电桥选定 L 挡，频率调到 10kHz，直接在路检测 TR1 的初级绕组，查看其 $D$ 值，大于 0.2 证明开关变压器损坏。

### 4.8.3　变频压缩机驱动电路

该机压缩机驱动模块 IPM1 采用 STK621-033N，内部集成 6 个 IGBT 管，具有驱动放大、电流保护、电压保护等功能，参考图 4-63 进行解说。

**（1）STK621-033N 变频模块引脚功能**

IPM1 的 1、4、7 脚为 W、V、U 自举升压输入引脚。E21、C39、E22、C40、E23、C41 为自举升压电容，D5、D6、D7 为 +15V 供电隔离二极管。在实际维修中，该电路任何元件漏电或短路都会引起自举升压不足，机器报压缩机过电流故障，用打阻法加对比法排查即可。

IPM1 的 13、14、15、16、17、18 脚为六路驱动输入引脚，通过限流电阻 R62、R64、R66、R63、R65、R67 与 IC1 的 47、45、43、46、44、42 脚连接。在该电路中，C33、C32、C31、C30、C29、C28 为高频滤波电容，R89、R88、R87、R86、R85、R84 为负载电阻。在实际维修中该电路任何一个限流电阻开路或滤波电容漏电都会引起压缩机运行三相电流不平衡，导致压缩机过电流保护故障。

IPM1 的 21 脚为内部驱动电路 15V 供电。该供电过高会引起 IPM1 内部损坏，所以外接 DZ2 稳压二极管进行高压保护。

IPM1 的 22 脚接地。

IPM1 的 20 脚为内部电流采样输出，送到压缩机相电流检测电路。

IPM1 的 19 脚为模块过电流保护电压输出（FAUL）引脚，正常运行时默认为 2.6V 高电平，当模块内部检测到故障时输出瞬间低电平，同时关断下半桥驱动信号。该引脚通过限流电阻 R61 连接到 IC1 的 41 脚。

IPM1 的 10 脚为 300V 直流母线供电输入端。

IPM1 的 12 脚为直流母线电压供电接地端。

IPM1 的 8、5、2 脚为 U、V、W 电压输出引脚，外接直流变频压缩机。

**（2）压缩机相电流检测电路**

压缩机相电流检测电路主要由 IC1 的 30、31、32 脚及外围元件组成。通过电路分析，这是差分放大器电路。利用差分放大器计算公式和电阻串联计算公式可以算出 IC1 的 32 脚电压为 0.6V、30、31 脚电压为 0.33V。

在实际维修中，该电路出现问题，会引起压缩机不启动故障或报压缩机模块保护故障代码，采用电压法、电阻法、打阻法将变频压缩机驱动电路模块、六路驱动电路、自举升压电路、相电流检测电路等全部排查一遍，找到故障元件，修复即可。如果排查完所有相关电路后，没有发现问题，但压缩机仍然不转，这时要考虑以下三个因素：测试用的压缩机与原机压缩机是否一样，用灯泡代替压缩机观察灯泡闪烁情况，排除压缩机问题后可以尝试代换变频模块和驱动芯片 IC1。

### 4.8.4　直流电机驱动芯片及两芯片通信电路

IRMCK341 是一块直流电机专用驱动芯片，内部集成直流母线电压检测、交流电压检测、PFC 驱动、PFC 电流检测、直流电机相电流检测等电路，配上简单的外设电路和压缩机数据即可实现驱动控制，极大简化了电路设计和开发周期。参考图 4-64 对其主要附属功能进行解说。

**（1）IRMCK341 工作三要素电路**

① 供电。IC1 内部采用多个模块，所以供电有多路，包含 1.8V、3.3V 两种。IC1 的 11、22、25、63 脚为 1.8V 直流供电，IC1 的 13、40、54 脚为 3.3V 供电。

② 复位。IC1 的 62 脚为复位输入引脚，根据外围复位电路结构分析，该电路为低电平复位输入。在实际维修中，若怀疑复位电路有问题，可以采用人工复位的方法进行测试，用一把防静电小镊子将 C42 电容器瞬间短接一下即可。

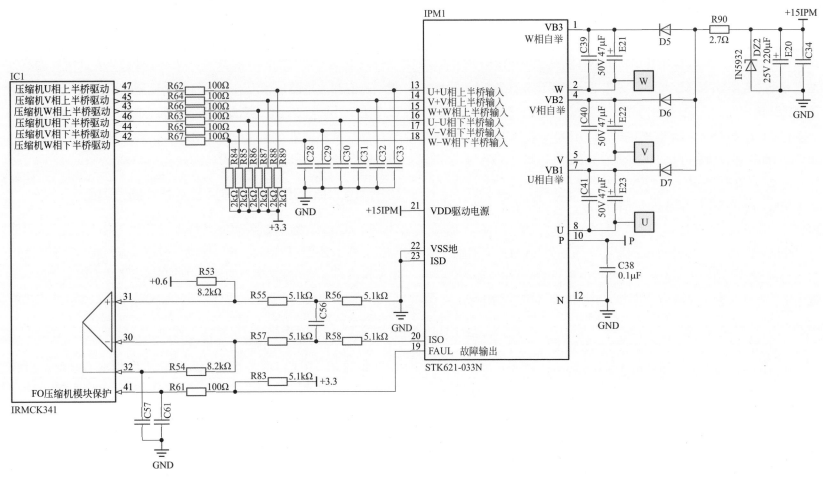

图 4-63  变频压缩机驱动电路

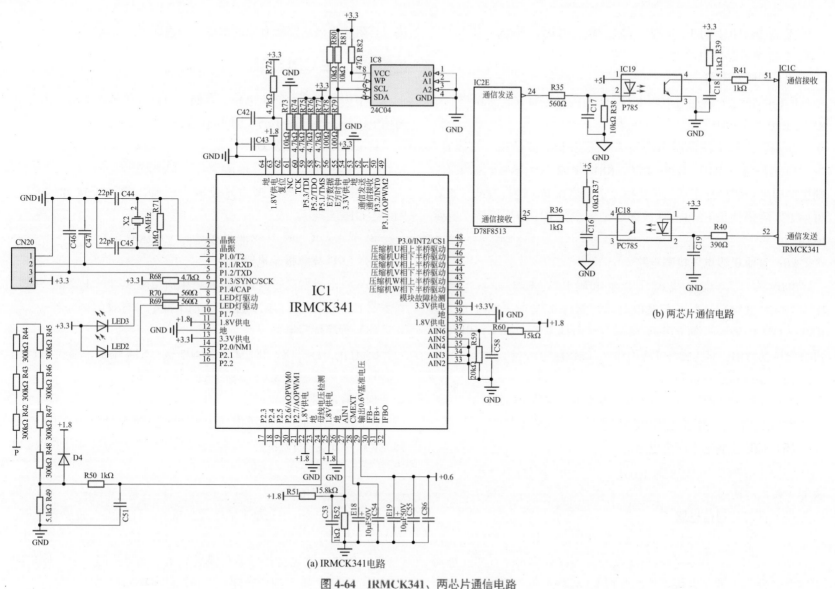

图 4-64 IRMCK341、两芯片通信电路

③ 晶振。IC1 的 1、2 脚为晶振输入引脚，外接 R71、X2、C44、C45 组成晶振电路。

**（2）存储器电路**

IC1 的 55、56 脚通过电阻 R79、R78 接存储器 IC8 的 6、5 脚，R81、R80 为上拉电阻。

在实际维修中该电路出现故障会报 EEPROM 故障。检修时，先用电阻法排查 R79、R78、R80、R81、R82 有无异常。如果有，则更换即可；如果都正常，则代换或重新烧写 IC8 进行测试。如果更换 IC8 后仍然报 EEPROM 故障，则判定为 IC1 内部损坏，更换 IC1 即可。

**（3）直流母线电压检测电路**

300V 左右直流母线电压 P 经电阻 R42、R43、R44、R45、R46、R47、R48 降压后，与 R49 分压得到约 0.7V 的采样电压，经 R50 → C51 滤波，送到 IC1 的 24 脚，经内部逻辑运算模拟出直流母线电压参考值。该电路中 D4 为钳位二极管。

**（4）LED 指示灯电路**

IC1 的 8 脚外接限流电阻 R70 控制发光二极管 LED3 工作。

IC1 的 9 脚外接限流电阻 R69 控制发光二极管 LED2 工作。

**（5）0.6V 基准电压产生电路**

IC1 的 29 脚输出 0.6V 基准电压，作为相电流检测电路差分放大器上拉供电使用。

**（6）两芯片通信电路**

主控 CPU 芯片 IC2E 与电机驱动 CPU 芯片 IC1C 进行通信时，主要通过 IC18、IC19 两个隔离光耦和外围元件实现。在实际维修中两芯片通信失败，内机或检测仪报 E7 故障代码，可以通过电阻

法、打阻法将该电路所有元件都排查一遍即可。

### 4.8.5　主 CPU 电路

本节内容包含 IC2 主电路、存储器电路、传感器电路、内外机通信电路等，参考图 4-65、图 4-66 进行解说。

**（1）CPU 工作三要素**

① 供电：IC2 的 11、32 脚为芯片 5V 供电。

② 复位：IC2 的 3 脚为复位输入引脚，通过外接元件 E25、R113、D15 实现。

③ 晶振：IC2 的 7、8 脚外接晶振 X3、R4。

**（2）LED 故障指示电路**

+5V 供电经发光二极管 LED1 →限流电阻 R34 → IC2 的 29 脚。当需要 LED1 点亮时，IC2 的 29 脚输出低电平有效。

**（3）程序烧写电路**

IC2B 的 6、7、8、28、27、3 脚外接 CN14 端子，通过仿真烧写器与电脑连接，实现 CPU 程序的上传与下载。

**（4）存储器电路**

IC2 的 13、12 脚通过电阻 R9、R8 连接存储器 IC3 的 5、6 脚，R5、R6 为上拉电阻。该电路出现故障检测仪报 EEPROM 故障。

**（5）传感器电路**

IC2 的 35、36、37 脚外接排气、盘管、环境温度传感器电路。该电路或传感器出现问题时，检测仪报 FP（排气）、FB（盘管）FA（环境）代码。首先将传感器代换后试机，如果故障依旧，则再用电阻法、打阻法排查相关元件，找到坏件更换即可。

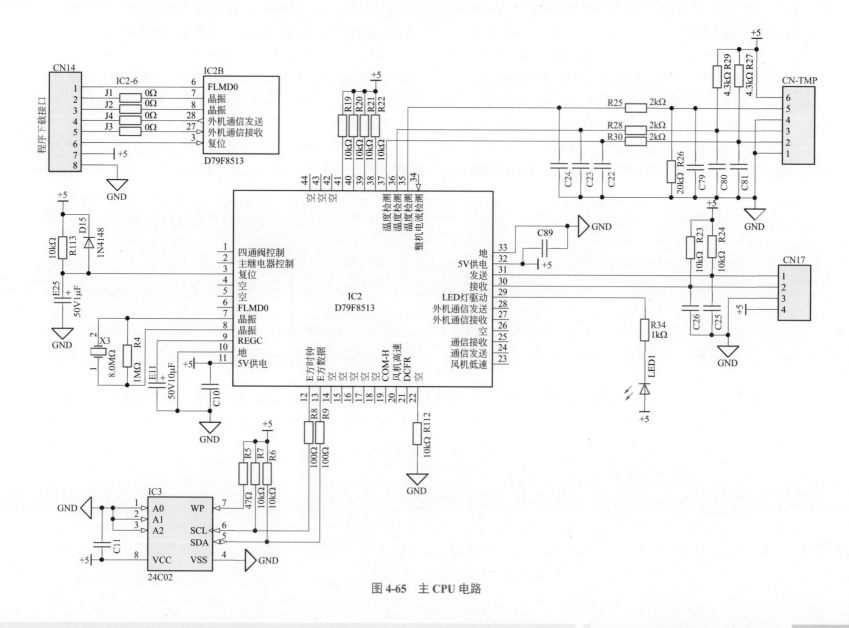

图 4-65 主 CPU 电路

### (6) 内外机通信电路

参考图4-66，该机通信电路-24V供电由室内机通信电路产生。内外机交流供电的零线（N-IN），同时也是-24V供电的地线。

根据通信规则，当室外机发送信号时，室内机通信环路打通。此时，整个通信环路受到室外机发送光耦IC16的4-3脚的控制。

当室外机CPU（IC2C）的28脚发送高电平1（5V）时，Q2的b-e有电流通过，Q2的c-e饱和导通，IC16的1-2脚产生约1.1V

压降，内部发光管发光，驱动IC16的4-3脚饱和导通。

通信-24V供电的地线（N-IN）经IC17的1-2脚→IC16的4-3脚→限流电阻R2→D1→内外机通信线→室内机通信环路→-24V供电，形成电流回路。此时，室内机CPU接收到高电平1（5V）。

当室外机CPU（IC2C）的28脚发送低电平0（0V）时，默认通信环路短路断开，室内机CPU接收到的为默认值低电平0（0V）。

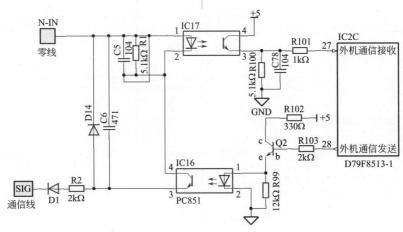

图4-66 室外机通信电路